Naturführer für die Familie

mit 11 Natur-Abenteuern

Heiko Bellmann, Xaver Finkenzeller
Helmut und Renate Grünert, Uwe Hartmann
Katrin und Frank Hecker, Klaus Janke
Bruno P. Kremer, Anne Puchta, Klaus Richarz

413 Farbfotos
102 Zeichnungen

Ulmer

Natur-Abenteuer

Urlaub-Spezial

Tiere bestimmen

Ist eine Spinne eigentlich ein Insekt? Und was ist mit Tausendfüßlern, Schnecken und Molchen? Tiere richtig einzuordnen ist keine Hexerei – im Grunde muss man nur schauen, wie sie sich fortbewegen – und dann zählen.

Insekten

Insekten haben immer 6 Beine, darin unterscheiden sie sich von allen anderen Krabbeltieren. Viele Insekten haben Flügel und können fliegen. Die bekanntesten Insekten sind Schmetterlinge, Käfer, Libellen, Heuschrecken, Fliegen, Bienen und Ameisen. Viele Insektenkinder sehen völlig anders aus als die erwachsenen Tiere: zum Beispiel die Raupe vom Schmetterling oder die Fliegenmade, das sind „Larven".

GANZ NAH DRAN

Das sind keine Insekten

Kinder lieben es, Steine umzudrehen – darunter finden sich fast immer Tiere! Die meisten sind entgegen landläufiger Meinung keine Insekten: Beinlose Würmer, Hundert- und Tausendfüßler mit ihren vielen Beinpaaren zählen nicht zu den Insekten, sondern bilden eigene Klassen innerhalb des Tierreichs.

Spinnen

Spinnen haben immer 8 Beine – so verrät sich auch die Zecke bei genauerem Hinsehen als Spinnentier! Im Gegensatz zu vielen Insekten besitzen Spinnen niemals Flügel. Typisch für viele Spinnen sind ihre raffinierten Netze, mit denen sie Insekten erbeuten.

▶ Man sieht deutlich die 8 Beine der Spinne.

Schnecken und Muscheln

Charakteristisch ist ihr weicher Körper, der bei den Muscheln gut geschützt zwischen zwei harten Schalen verborgen liegt. Auch viele Schnecken haben ein hartes Gehäuse, in das sie sich bei Trockenheit und zum Schutz vor Feinden zurückziehen können. Eine Ausnahme hiervon bilden die Nacktschnecken. Zur Fortbewegung haben Schnecken und Muscheln einen einzigen, muskulösen Fuß.

Fische

Alle Fische leben im Wasser, statt Armen und Beinen besitzen sie Flossen zur Fortbewegung. Weil Fische keine Lungen besitzen, sondern Kiemen, müssen sie nie zum Luftholen auftauchen.

▲ Der hübsch gelb-gemusterte Schwalbenschwanz ist ein Insekt.

GANZ NAH DRAN

Leben aus dem Ei

Ob Insekt, Fisch, Schlange oder Vogel: Bis auf die Säugetiere legen alle Eier, aus denen die Jungen schlüpfen. Große Unterschiede bestehen in der Brutpflege: Während Schmetterling und Frosch sich nach der Eiablage nicht weiter um ihren Nachwuchs scheren, kümmern sich Vögel intensiv um ihre Küken, bis diese flügge werden. Ausnahmen bestätigen die Regel: So gebärt die Waldeidechse oftmals lebende Junge und der Kuckuck schmuggelt seine Eier anderen Vögeln ins Nest.

Amphibien

Frösche, Kröten, Molche und der Feuersalamander haben 2 Arme und 2 Beine wie wir. Sie kommen im Wasser zur Welt, leben hier einige Woche als fischähnliche Kaulquappen und verbringen dann den Großteil ihres Lebens an Land.

Reptilien

Typisch für Eidechsen, Schildkröten und Schlangen ist ihre dicke, schuppige Haut und ihre kriechende bis schlängelnde Fortbewegungsweise. Deshalb werden sie auch „Schuppen-Kriechtiere" genannt. Ursprünglich besaßen alle 2 Arme und 2 Beine, bei den Schlangen wurden diese aber zurückgebildet.

Vögel

2 Beine, 2 Flügel und Federn kennzeichnen alle Vögel – egal, ob sie fliegen können oder nicht. So gehören auch die flugunfähigen Pinguine und die Strauße zu den Vögeln.

Säugetiere

Sie legen keine Eier, sondern bringen lebende Junge zur Welt, die von der Mutter gesäugt werden – daher kommt der Name „Säugetiere". So zählen auch die im Wasser lebenden Wale zu den Säugetieren. Als Anpassung an das Leben im Wasser besitzen sie keine Arme und Beine, sondern Flossen zur Fortbewegung.

Pflanzen bestimmen

Ob Bär-Lauch, Frauenmantel oder Gänseblümchen: Jede Blume trägt ihren eigenen Namen. Dasselbe gilt natürlich auch für Bäume, Sträucher, Gräser, Farne und Moose. Dieser eigene Name unterscheidet eine Pflanzenart mit ihren typischen Eigenschaften von allen anderen Arten. Das richtige Erkennen einer Pflanze ist besonders dann wichtig, wenn sie zum Verzehr oder zu Heilzwecken gesammelt wird – so sieht der gesunde Bär-Lauch dem giftigen Maiglöckchen zum Verwechseln ähnlich!

◄ Eine bunte Blumenwiese.

Welche Blume ist das?

Das typische Merkmal von Blumen ist ihre **Blüte**. Am auffälligsten ist die Blütenfarbe, deshalb sind die Blumen in diesem Naturführer auch danach sortiert. Als nächstes folgt die Form der Blüte: Ist sie strahlig und kreisrund oder glockig? Auch die Anordnung der Blüten ist ein wichtiges Erkennungsmerkmal: Steht die Blüte einzeln am Ende des Stängels oder wachsen mehrere Blüten wie in einer Traube oder wie in einer regenschirmartigen Dolde? Schwieriger ist die Bestimmung bei Blumen, die nur ganz kleine, unscheinbare Blüten besitzen wie z.B. die Brennnessel: Hier liefern die **Blätter** wichtige Hinweise. Wie sind sie geformt: Rund, oval oder länglich? Manche Blätter sind auch tief eingeschnitten oder haben scharf gezackte Ränder. Interessant ist auch die Anordnung der Blätter am Stängel: Sind sie gleichmäßig verteilt oder wachsen sie nur in einer Rosette am Grund wie bei der Schlüsselblume? Bei manchen Blumen wie dem Huflattich erscheinen die Blätter auch erst, nachdem die Blüten längst wieder verschwunden sind!

Charakteristisch für jede Blume ist ihre **Blühzeit:** So gibt es regelrechte „Frühjahrsblüher" wie Schneeglöckchen oder Busch-Windröschen, deren Blüten im Sommer längst verwelkt sind. Die meisten Blumen öffnen ihre Blüten im Sommer, andere, wie die Herbst-Zeitlose, erst ab September. Schließlich liefern auch die **Wuchshöhe** und der **Standort** der Blume wertvolle Bestimmungshilfen: Einige – wie der Lerchensporn – wachsen nur auf

▲ Die Heidelbeere – ein sehr kleiner Strauch.

feuchten Böden, der Spitz-Wegerich hingegen gedeiht noch an knochentrockenen Wegrändern, und während der Klatsch-Mohn es sonnig liebt, breiten sich Brennnesseln auch in schattigen Lagen aus.

Welcher Strauch ist das?

Sträucher haben **verholzte Stängel**, das unterscheidet sie von den Blumen. Ansonsten besitzen auch viele Sträucher – wie Weißdorn oder Heckenrose – schöne Blüten. Der Unterschied zu den Bäumen besteht darin, dass Sträucher sich schon vom Erdboden an verzweigen. Der Übergang zu den Bäumen ist aber fließend, denn auch junge oder geschnittene Bäume wachsen durchaus „strauchig". Sträucher können aber auch sehr klein sein: So zählen die am Waldboden wachsenden Heidel- und Preiselbeeren zu den Sträuchern. Ungewöhnlich ist der Wuchsort der Mistel: Sie wächst auf Bäumen! Schließlich zählt auch der am Waldboden kriechende und an Bäumen emporklimmende Efeu zu den Sträuchern.

Wichtige Bestimmungsmerkmale der Sträucher sind, genau wie bei den Blumen, ihre **Blüten** und **Blätter** (siehe oben). Im Herbst verraten uns viele Sträucher wie Haselnuss, Schlehe und Hagebutte ihre Namen durch die charakteristischen **Früchte**.

Welcher Baum ist das?

Während Sträucher sich schon von unten her verzweigen, haben Bäume einen richtigen Stamm und eine Krone. Die Blüten vieler Bäume sind klein und unscheinbar, dafür bietet ihre **Rinde** zusätzliche Bestimmungshilfen: Unverwechselbar weiß-schwarz ist sie bei der Birke, grob rissig bei der Eiche und silbrig glatt bei der

▲ Eine Rot-Buche – nur ein Stamm und eine unverwechselbare Rinde.

Buche. Ganz wichtig ist die Gestalt der Blätter: Sind es **Laubblätter oder Nadeln**? Welchen Umriss haben die Laubblätter und wie sieht der Blattrand aus? Und bei Nadelbäumen: Wie sind die Nadeln am Zweig angeordnet, sind sie auch im Winter grün oder fallen sie dann ab wie bei der Lärche? Im Herbst und im Winter helfen **Früchte** am oder unter dem Baum bei der Bestimmung: Kastanien, Eicheln und Bucheckern sind nicht schwer zu erkennen und bei den Zapfen ist wichtig, ob sie hängen oder eher auf dem Zweig stehen und ob sie reif vom Baum fallen.

Wildbienen helfen – Nisthäuschen bauen

Es gibt weit mehr als nur die Honigbiene und die berüchtigte Gemeine Wespe: Mehr als 550 verschiedene Arten von Wildbienen und über 450 harmlose Wespenarten sind bei uns heimisch – viele davon hochsensible Zeiger für die Qualität eines Lebensraumes. Uns Menschen fügen sie keinen Schaden zu, viele erweisen sich im Garten als ausgesprochen nützliche Helfer.

Nützlinge auf Wohnungssuche

Sie kommen nicht an unsere Kaffeetafel, sind nicht aggressiv und legen auch keine Wespennester an. Stattdessen vertilgen sie Unmengen an pflanzenfressenden Insekten, bestäuben unsere Blumen und leben zurückgezogen und einzeln – jede für sich. Gerade deshalb sind sie uns so wenig bekannt. Weil sie uns nicht stören. Dabei benötigen Wildbienen und -wespen unsere Hilfe, denn sie leiden zunehmend unter Wohnungsnot. Morsche Bäume, bröckelndes Mauerwerk und mit Lehm errichtete Mauern sind knapp, und genau hier nisten Wildbienen und -wespen. Mit geringem Aufwand können Sie leicht Ersatzwohnungen schaffen – Platz dafür ist sogar auf dem kleinsten Balkon in der Stadt. Nur genügend Pollennahrung muss es für die friedfertigen Untermieter in der Nachbarschaft geben.

▶ Nützlich: Wildbienen brauchen unsere Unterstützung.

GANZ NAH DRAN

Können Wildbienen stechen?

Wildbienen sind äußerst friedfertig. Selbst wenn das Bienenhäuschen direkt über Ihrem Tisch auf dem Balkon angebracht ist, wird das nicht zu Nachbarschafts-Streitigkeiten führen – gegenseitiger Respekt vorausgesetzt. Die Tiere mögen nicht mit der Hand gefangen werden und wenn sie wollen, können sie auch stechen. Der Stich der allermeisten Wildbienen oder -wespen ähnelt dem Brennen einer Brennnessel.

Pollenbrot für den Nachwuchs

Anfang April fliegen bereits die ersten Wildbienen wie die häufige Rote Mauerbiene (*Osmia rufa*) auf Wohnungssuche. Hat sie eine geeignete Wohnröhre entdeckt, geht sie auf Pollen- und Nahrungssuche und stopft beides ganz hinten in ihre Wohnung. Nach 10–15 Proviantflügen reicht der Vorrat und die Biene legt ihr Ei mitten hinein. Die erste Brutzelle ist fertig und wird sorgfältig mit einer Wand aus Lehm verschlossen. Je nach Wohnungsgröße folgen noch zehn oder mehr solcher Brutzellen. Zum Schluss wird alles

noch mit einem festen Deckel aus Lehm verschlossen. Wildwespen machen es ähnlich, nur dass sie statt Pollenbroten eiweißreiche Fleischnahrung in Form von Insekten und deren Larven oder auch Spinnen in die Brutkammern packen.

Ein Jahr im Kinderzimmer

Bald nach Fertigstellung ihrer Brutröhre stirbt die Biene. In den Zellen entwickeln sich nun ihre Larven, verpuppen sich und bleiben über den Winter in ihrer Wohnröhre. Erst im nächsten Frühjahr kriechen die fertigen Jungbienen – die vorderste zuerst – aus ihren Einzelzimmern.

So baut man ein Bienenhaus

So verschieden die Wildbienen und -wespen sind, so unterschiedlich sind auch ihre Ansprüche an den Wohnraum. Es gibt daher viele verschiedene Möglichkeiten, einen Unterschlupf für sie zu bauen. Wichtig ist die Anbringung an einem sonnigen, regengeschützten Ort.

... aus Holz oder Stein

Für holzbewohnende Arten eignet sich am besten eine 10–20 cm dicke Hartholz-Baumscheibe (Eiche oder Buche), in die

▲ Hohle Pflanzenstängel eignen sich gut als Nisthilfe für Wildbienen.

mit dem Akkubohrer verschieden große Löcher (2–10 mm Durchmesser) gebohrt werden. Weichhölzer wie Weide oder Fichte sind hierfür nicht geeignet; sie quellen bei Feuchtigkeit auf und können dann die Larven zerquetschen. Auf die gleiche Weise kann auch ein einfacher Ziegelstein zur Wildbienen-Behausung umfunktioniert werden.

... aus Schilf

Für Kinder leicht herzustellen sind Bienenhäuser aus hohlen Pflanzenstängeln. Sie werden auf Länge geschnitten und anschließend gebündelt – man kann sie zum Beispiel einfach in eine leere Dose oder eine Tonröhre stecken oder mit Baumrinde umwickeln.

... aus Lehm

Gern bezogen werden auch Behausungen aus festgestampftem Lehm: Hierzu braucht man eine Holzkiste, in die man Lehm, mit etwas Wasser vermischt, hineinstampft. Mit einem Stock werden Löcher hineingepiekst; es gibt aber auch Arten, die sich lieber selber Gänge in den Lehm knabbern.

Kräuterfrisch

Frisch aus Natur und Küche

Spazieren gehen und dabei Geld sparen? Beim Spaziergang durch die Natur können Sie nebenbei die Hauptzutaten für die tägliche Schönheitspflege einsammeln – der Rest findet sich bestimmt in Ihrer Küche!

Die Apotheke am Wegesrand

Fast überall begleitet der bescheiden dastehende Spitzwegerich *(Plantago lanceolata)* unseren Spaziergang. Der Saft aus seinen Blättern ist ein prima Erste-Hilfe-Mittel bei Stichen oder Verbrennungen mit Brennnesseln, getrocknet liefern die Blätter einen lindernden Hustentee für den Winter und eine wirksame Tinktur bei schlecht heilenden Wunden.

Spitzwegerich-Tee

Eine Handvoll getrocknete Spitzwegerich-Blätter mit kochendem Wasser übergießen, 10 Minuten ziehen lassen, dann durch ein Sieb gießen. Der Tee schmeckt leicht bitter; für Kinder einfach mit Pfefferminztee mischen und mit 1 Teelöffel Honig oder Kandiszucker süßen.

Tipp: Spitzwegerich hat eine wundheilende Wirkung. Betupfen Sie schlecht heilende Wunden mehrmals täglich mit Spitzwegerich-Tee.

GANZ NAH DRAN

Erste Hilfe bei Insektenstichen

Spitzwegerich liefert auf Spaziergängen ein gutes und praktisches Mittel gegen Insektenstiche – denn er wächst fast überall massenhaft. Einfach einige Blätter zerdrücken und anschließend auf die Stiche legen. Hilft besonders gut bei Mücken- und Bremsenstichen, aber auch bei Verbrennungen durch Brennnesseln.

Streichelzart mit Gänseblümchen

„Tausendschön", „Maßliebchen" oder „Marienblümchen" – viele Namen für ein Blümchen, das alle Kinder gern haben: Gänseblümchen wachsen auf jeder Wiese und blühen sogar noch in nicht allzu kurz geschorenen Rasen. Weniger bekannt ist, was alles in dem zarten Pflänzchen steckt: Saponine, Gerbstoffe und ätherische Öle machen das Gänseblümchen zum wichtigen Heilkraut, das sich besonders zur sanften Pflege trockener Kinderhaut eignet.

◀ Spitzwegerich – Erste Hilfe bei Stichen.

▲ Gänseblümchen sind wahre Alleskönner.

Gänseblümchen-Öl
Eine Handvoll Gänseblümchen-Blüten und -Blätter in ein verschließbares Glasgefäß geben und mit 200 ml warmem Olivenöl übergießen. 3 Wochen auf einer sonnigen Fensterbank stehen lassen, hin und wieder schütteln. Dann durch ein Sieb gießen, Blüten und Blätter dabei gut auspressen und in eine dunkle, verschließbare Flasche umfüllen. Nach jedem Baden in die noch feuchte Haut einmassieren.

CLEOPATRAS GEHEIMNIS

Gepflegt und schön

Ihre Schönheit ist legendär – gepflegt hat sich Cleopatra mit dem, was die Natur hergab: Esels- oder Ziegenmilch, viele verschiedene Kräuter und Früchte, gemahlene Mandeln, Olivenöl und Honig. Dabei geht es auch ohne Eselsmilch: Fügen Sie dem Cleopatra-Schönheitsbad ein Gemisch aus 2 Tassen Buttermilch, 1 Esslöffel Sahne, 1 Teelöffel Olivenöl, 1 Teelöffel Honig und 1 Tasse Tee aus Gänseblümchen- oder Kamillen-Blüten hinzu – das gibt eine samtweiche Haut.

Gänseblümchen-Spaß-Bad
Ein Bad in frisch gepflückten Gänseblümchen, das finden alle Kinder sehr spannend! Wenn Ihnen dabei zuviel „Grünzeug" in der Wanne schwimmt, können Sie die Gänseblümchen auch in einen Strumpf füllen und so ins Badewasser legen. Keine Sorge, wenn Ihr Kind gerne Badewasser trinkt: Gänseblümchen-Tee ist sehr gesund – ermuntern Sie Ihr Kind auch, beim Baden von den Blümchen zu naschen – Gänseblümchen sind essbar!

Für eine frische Farbe

Die orangeroten Früchte der Eberesche *(Sorbus aucuparia)*, auch „Vogelbeere" genannt, sind ab Oktober reif. Als Maske straffen sie die Gesichtshaut und sorgen für einen gesunde Gesichtsfarbe.

Gesichtmaske
1–2 Hände voll reifer Vogelbeeren mit ½ Tasse Wasser kurz aufkochen, 1 Teelöffel Honig zugeben. Auftragen und nach 20 Minuten wieder abnehmen.

Marienkäfer – kleine Glücksbringer

Ihren Namen bekamen die hübschen, halbkugeligen Käfer mit ihren schwarzen Punkten auf rotem Grund von niemand geringerem als von der heiligen Jungfrau Maria – ihr dankten die Bauern im Mittelalter, wenn sie reichlich Marienkäfer auf ihren Feldern antrafen. Denn schon sie wussten: Marienkäfer bringen Glück!

Gelbes Blut

Mit der ersten Frühlingssonne sind sie plötzlich wieder da: Marienkäfer sausen durch die Luft, landen bereitwillig auf ausgestreckten Kinderhänden und krabbeln eifrig auf wechselnden Fingern umher. Wer einen fangen will, ist meist enttäuscht: Kaum berührt, fällt das Käferchen zu Boden, Beinchen und Fühler fest an den Körper gedrückt liegt es leblos da und aus seinen Beinen tropft sogar Blut! Keine Sorge: Der Käfer stellt sich nur tot. Und das gelbe Blut, das aus seinen Beinchen rinnt, drückt er absichtlich heraus. So schreckt der schlaue kleine Käfer Fressfeinde ab, die gern einen frischen, knackigen Käfer futtern, nicht aber so ein totes, stinkendes Etwas. Ist die Gefahr vorbei, streckt der Marienkäfer Beine und Fühler von sich und fliegt munter davon.

GANZ NAH DRAN

Wie alt bist Du, Marienkäfer?

Kennen Sie noch dieses Kinderspiel: Wie alt ist der Marienkäfer? Da werden fleißig die schwarzen Punkte zusammengezählt und siehe da: Fast immer ist der Käfer sieben Jahre alt. In Wirklichkeit handelt es sich dabei um die häufigste bei uns lebende Marienkäfer-Art, den bekannten Siebenpunkt (*Coccinella septempunctata*, Seite 90). Und der trägt, wie schon sein Name verrät, immer sieben Punkte – unabhängig vom Alter!

Woher kommen Marienkäfer?

Marienkäfer kommen im April aus einer Art Winterschlaf: Im Herbst haben sie sich zu Gruppen gesammelt, um gemeinsam nach einem frostfreien Winterquartier zu suchen. Das kann die Bodenstreu von Hecken sein, dichte Grasbüschel, ein Plätzchen unter loser Baumrinde, aber auch Keller und Dachböden zählen zu beliebten Winterverstecken. Hier kuscheln sich die Käfer zusammen und warten auf bessere Zeiten – bis die Frühlingssonne sie wieder aufwärmt.

◄ Eine Marienkäfer-Ansammlung im Winterversteck.

Hochzeit im Frühling

Nun müssen die Käfer erst einmal ordentlich futtern. Unermüdlich suchen sie Pflanzenstängel nach Blatt- und Schildläusen ab. Bis zu 150 Läuse verzehrt ein Marienkäfer jeden Tag. Ende April ist dann Marienkäfer-Hochzeit. Ab jetzt legt das Weibchen regelmäßig Klümpchen aus 10 bis 30 ovalen, orangegelben Eiern ab. Sie legt sie auf die Blattunterseite, ganz in der Nähe einer Blattlaus-Kolonie: So findet ihr Nachwuchs gleich nach dem Schlupf reichlich Nahrung!

▲ Ein Marienkäfer-Weibchen legt Eier.

Lauter Marienkäfer-Babys

Nach einer Woche platzen die Eier auf – aber was kommt da heraus? Lauter graue Würmchen! Was ist da schief gelaufen? Gar nichts. Marienkäfer-Kinder sehen einfach so aus. So wie Schmetterlinge ihre Kindertage als Raupen verbringen, kommen Käfer als wurmähnliche Käferlarven zur Welt. Nun heißt es möglichst schnell möglichst viel futtern: 600 bis 800 Blattläuse muss eine Käferlarve in den nächsten drei bis sechs Wochen erbeuten, bevor sie zum richtigen Marienkäfer wird.

▲ Eine Larve vertilgt Unmengen Blattläuse.

Larve – Puppe – Käfer

Im Juni oder Juli ist die Larve auf etwa einen halben Zentimeter gewachsen. Grau und stachelig ist sie jetzt, mit orangeroten Flecken. Um zum richtigen Käfer zu werden, muss sie sich noch verpuppen: Dazu schlüpft die Larve kurzerhand aus ihrer Haut, wickelt sich darin ein und klebt nun wie tot an einem Blatt. Eine Woche lang rührt sie sich nicht vom Fleck. Dann schlüpft aus der Puppe der fertige Marienkäfer! Diese frisch geschlüpften Marienkäfer erkennt man daran, dass sie kräftiger gefärbt sind als ihre Eltern. Im Herbst sammeln auch sie sich.

▲ Eine Marienkäfer-Puppe auf einem Blatt.

GANZ NAH DRAN

Die Läusejäger

Wer viele Marienkäfer im Garten oder auf dem Feld hat, der hat wirklich Glück. Mit ihrem immensen Appetit auf pflanzenschädigende Läuse sind Marienkäfer wichtige Nützlinge. Deshalb werden sie auch gezielt gezüchtet und zur biologischen Schädlingsbekämpfung ausgesetzt. Besonders beliebt hierfür ist der gefräßige Asiatische Marienkäfer (*Harmonia axyridis*) mit seinen meist 19 schwarzen Punkten.

Abenteuer Teich – auf Expedition am Wasser

Jetzt ist es richtig Sommer! Außer Baden und Sommerurlaub gibt es in der Natur aber noch viel mehr zu tun. Teiche und Tümpel laden jetzt dazu ein, ausgerüstet mit nicht viel mehr als kurzer Hose und Kescher auf Expedition zu gehen. Knisternde Libellen, Wegelagerer mit messerscharfen Dolchen und die Wasserspinne mit ihrem Tauchboot warten darauf, entdeckt zu werden!

Ein Königreich für Tiere

Nirgendwo sonst finden wir Tiere und Pflanzen in einer solchen Vielfalt und Dichte wie in Teich und Tümpel! Das liegt zum einen daran, dass diese Gewässer flach sind – das Sonnenlicht dringt bis zum Boden, und so können Pflanzen üppig wuchern. Zum anderen sind Teiche reich an Nährstoffen. Das zusammen bietet vielen Tieren ideale Lebensbedingungen: Vegetarier wie kleine Krebse und Käfer fressen an Seerose & Co., diese Tierchen wiederum sind die passende Nahrung für räuberische Insekten wie Gelbrandkäfer und Libellen, aber auch für Fische. Am Ende dieser Nahrungskette stehen räuberische Fische wie der hübsch gestreifte Flussbarsch, der mächtige, bis über 1 m lang werdende Hecht und natürlich Vögel wie Graureiher oder Eisvogel.

▼ Wartet auf Beute: der Grasfrosch.

Auf Teichexpedition

Auch für unsere eigenen Königskinder sind Teich und Tümpel kleine Königreiche zum Entdecken und Erforschen. Anders als an großen Gewässern wie Meer oder See lassen sich Tiere und Pflanzen hier aus nächster Nähe beobachten und sogar fangen. Dabei gilt als oberste Regel: Zuerst schauen, dann nochmals schauen und erst dann fangen! Wer wild und ziellos „drauf-

NATURSCHUTZ-TIPP

Geschützte Arten

Viele Teichbewohner stehen heute unter Naturschutz, weil sie selten geworden sind. Deshalb dürfen sie nicht beunruhigt oder gefangen werden. Dies gilt besonders für Frösche und deren Kaulquappen, für Libellenlarven und die Wasserspinne. Natürlich sind sie nicht selten geworden, weil Kinder zu viele davon gekeschert und beobachtet haben! Sondern, weil viele Gräben und Teiche einfach zugeschüttet werden. Und das ist leider immer noch erlaubt.

▲ Expeditionen an den Teich sind für klein und groß gleichermaßen spannend!

los keschert", verjagt damit bloß die Tiere und macht außerdem viel kaputt.

Die richtige Ausrüstung

Die perfekte Ausrüstung für Teichforscher finden wir in der Küche: Ein kleines Haushaltssieb (Maschenweite um 1 mm), den Topf-Haltehaken abgekniffen, leistet beste Dienste. Um auch in größeren Tiefen keschern zu können, befestigen Sie das Sieb mit Paketklebeband an einem längeren Stock. Ein paar leere Eisschalen oder große Joghurtbecher zum Aufbewahren und Beobachten der Tiere genügen vollkommen. Wer etwas professioneller zu Werke schreiten möchte, benutzt einen Netzkescher. Damit Sie auch den Gewässerboden abstreifen können, sollte er nicht rund sein, sondern eckig! Zum Beobachten perfekt sind Plastik-Terrarien aus dem Zoogeschäft. Sie lassen sich durch den Griff am Deckel auch gut transportieren.

Wo finde ich wen?

Ergiebig ist häufig das Durchstreifen der flachen Ufervegetation. Hier leben die Larven von Gelbrandkäfer und Köcherfliege, auch Wasserskorpion und Rückenschwimmer lauern hier auf Beute. Im Wasser liegende Steine und Äste sind für Schnecken, Plattwürmer und Wasserasseln attraktiv. Geflügelte Tiere wie Libellen und Köcherfliegen fängt man, indem man mit dem Kescher die Ufervegetation abstreift.

Teiche – Gefahr für Kinder?

Wasser zieht Kinder magisch an. Das gilt besonders für Teiche und Tümpel, ▶

GANZ NAH DRAN

Was ist „Froschregen"?

Manchmal tauchen mitten im Juli plötzlich Hunderttausende winzig kleiner Frösche und Kröten auf. Der Volksmund sagt: „Es regnet Frösche!" Natürlich sind die Amphibien nicht mit dem Sommerregen vom Himmel gefallen, wie man früher wohl wirklich glaubte. Im Juli haben viele Amphibien ihre Entwicklung von der Kaulquappe zum richtigen Frosch oder zur Kröte abgeschlossen. Sie warten einen regnerischen Sommertag ab, um nun ihr Gewässer zu verlassen und zum Landleben überzugehen.

Wasserskorpion, Rückenschwimmer & Co.

▲ Ein Gelbrandkäfer kommt zum Luftholen an die Wasseroberfläche.

▲ Mit Schnorchel am Hinterleib: der Wasserskorpion.

(Fortsetzung) wo es so viel zu entdecken gibt. Nur mal eben dem Frosch nachspüren oder den Stock als Angel reinhalten – besonders Teiche mit steilen Ufern und schlammigem Grund stellen eine ernstzunehmende Gefahr für Kinder dar. Lassen Sie kleinere Kinder deshalb nie allein auf Teichexpedition gehen!

Wegelagerer und Jäger

Schnell wie der Blitz jagt etwas großes, schwarz-gelbes im Wasser davon – der Gelbrandkäfer hat Schritte am Teichufer gespürt und weg ist er. Aber nicht lange. Wird es wieder ruhig, so kommt er gleich zurück ans flache Ufer. Hier hat er nämlich gerade eine leckere, dicke Kaulquappe entdeckt! Aber der Wasserskorpion war schneller. Er verharrt reglos zwischen den Wasserpflanzen und verlässt sich auf seine Tarnung. Sein Schnorchel am Hinterleib guckt oben aus dem Wasser heraus. So atmet er ganz ruhig und wartet, bis ihm die unvorsichtige Kaulquappe direkt vors Maul schwimmt. Zack, da schlagen seine Fangarme zu, der Stechrüssel wird unter dem Bauch hervorgeklappt und das Opfer ausgesaugt. Als der Gelbrandkäfer zurückkommt, ist die Kaulquappe schon weg. Macht nichts: Da unten zappelt eine fette Libellenlarve. Der Gelbrandkäfer holt noch mal schnell Luft – dazu streckt er sein Hinterteil aus dem Wasser; hier liegen seine Atemöffnungen. Als er abtaucht, ist die Libellenlarve schon weg – aber da läuft ein Flohkrebs am Teichgrund – besser als nichts!

GANZ NAH DRAN

Ein Tümpelaquarium einrichten

Wie werden Schneckenkinder groß? Was frisst die Gelbrandkäfer-Larve und wer reinigt pausenlos das Wasser? Diese und viele weitere spannende Beobachtungen kannst Du in Deinem eigenen Tümpelaquarium machen! Es ist viel einfacher einzurichten und leichter zu pflegen als ein Zierfischbecken. Bitte beachte:

- Als Gefäß eignen sich Boxen aus durchsichtigem Plastik; bessere Sicht hast Du aber in einem Aquarium aus Glas.
- Stelle es in einen kühlen Raum an einen halbschattigen Fensterplatz.
- Als Boden füllst Du gewaschenen Sand oder Kies ein, als Wasser eignet sich Teichwasser oder Leitungswasser.
- Gib unbedingt reichlich Teichpflanzen ins Wasser, sie sorgen hier für genügend Sauerstoff. Gut wachsen im Aquarium Wasserpest oder Tausendblatt.
- Wichtig ist eine Glasscheibe als Abdekkung, damit geschlüpfte Insekten nicht entwischen können.
- Wasserlebende Insektenlarven müssen zur Verwandlung aus dem Wasser klettern können! Deshalb müssen unbedingt einige längere Äste aus dem Wasser ragen. Oder Du pflanzt etwas Schilf in die hintere Ecke Deines Aquariums.

Für ein Tümpelaquarium brauchst Du keine Filter oder andere technische Geräte. Allerdings sind viele Wasserbewohner etwas aktiver, wenn eine zusätzliche Belüftung läuft. Du kannst die Tiere mit Futtertabletten aus dem Zoogeschäft füttern; auch gefrorene Mückenlarven und Wasserflöhe, vor dem Füttern aufgetaut, sind gut geeignet. Entlasse geschlüpfte Tiere regelmäßig in die Freiheit. Wenn Du in den Urlaub fährst, denke bitte daran, das Aquarium vorher aufzulösen und die Tiere zurück in den Teich zu bringen!

Von der Larve zur Libelle

Heute verlässt die Libellenlarve den Teich. An einem Schilfstängel ist sie hochgekrabbelt, um endlich ihren Larvenpanzer zu sprengen. Darunter wartet schon die fertige Libelle darauf, ihre Flügel entfalten zu dürfen. Schlüpfende Larven sind eine leichte Beute. Die Listspinne freut sich schon auf ihr nahendes Frühstück. Aber auch eine Rohrammer hat es bereits auf sie abgesehen. Da platscht ein Frosch vom Ufer ins Wasser. Die Rohrammer erschreckt sich – und schnappt sich noch schnell die Spinne. Die kleine Larve hat Glück, sie schlüpft in aller Ruhe aus ihrem Panzer und entfaltet ihre Flügel. Sind sie getrocknet, hebt die Libelle leichtfüßig ab.

▼ Im Morgengrauen ist eine Libelle aus ihrer Larvenhaut geschlüpft.

Ganz schön giftig!

Gefährliche Verlockung

Herrlich verführerisch leuchten die roten Früchte vom Aronstab tief unten am Waldboden – genau in Kinderhöhe. Und das Gemeine: Sie schmecken auch noch süßlich, sind aber giftig! Andere Früchte sind gekocht zwar gesund, roh aber auch giftig – wie die beliebten „Fliederbeeren".

Pfaffenhütchen

Knalliger geht es kaum: Leuchtendes Orange gepaart mit grellem Pink – die Früchte vom Pfaffenhütchen (*Euonymus europaeus*) finden besonders kleine Mädchen toll und so kommen Vergiftungen mit seinen stark giftigen Früchten bei Kindern nicht selten vor. Die tödliche Dosis soll für Erwachsene bei 36 Früchten liegen, aber nur 2 Früchte können bei einem 7-jährigen Kind bereits schwere Vergiftungserscheinungen hervorrufen. Erste Symptome wie Bauchschmerzen und Benommenheit bis hin zu Krämpfen und Schock können auch erst nach 12–18 Stunden auftreten!

Eibe

Eiben (*Taxus baccata*, Seite 114) wachsen wild im Unterwuchs von Wäldern, noch häufiger aber werden die schönen immergrünen Bäume auf Friedhöfen und in Gärten gepflanzt. Alle Teile der Pflanze sind giftig: der Holzstaub, die Nadeln und die Früchte. Das heißt, eigentlich ist nur der kleine, harte Kern der roten Frucht stark giftig. Das weiche Fruchtfleisch drumherum ist essbar und – gefährlich für Kinder – auch lecker! Haben Ihre Kinder Eibenfrüchte gegessen, sollten Sie unbedingt

TIPP FÜR ELTERN

Was tun bei Vergiftungen?

Häufig sind es 1- bis 5-jährige Kinder, die „nur mal eben probieren wollten" und dann über Bauchweh klagen. Bei Verdacht auf Vergiftungen mit Früchten gilt es vor allem, Ruhe zu bewahren: Die Mehrzahl der Fälle, in denen Kinder Pflanzenteile zu sich nehmen, verläuft harmlos. Lassen Sie sich genau zeigen, von welchen Früchten Ihr Kind gegessen hat und versuchen Sie herauszubekommen, wie viele es waren (1, 2, eine ganze Handvoll?). Packen Sie einige Früchte und Ihr Kind ein und suchen Sie unverzüglich einen Arzt auf. Die Informationszentrale gegen Vergiftungen bietet einen kostenlosen Notruf (Tel. 0228/19240, täglich rund um die Uhr).

▼ Auffällig im August und September – der Fruchtstand des Aronstabs.

▲ Schön, aber giftig – die Früchte des Pfaffenhütchens.

▲ Beliebte Heckenpflanze, trotzdem giftig – der Liguster.

TIPP FÜR ELTERN

Wissen hilft!

Kinder, die die wichtigsten Pflanzen kennen, leben sicherer. Besuchen Sie mit Ihren Kindern einen Botanischen Garten, die es in fast allen größeren Städten gibt. Schauen Sie sich die giftigen – und natürlich auch die ungiftigen – Pflanzen an und erklären Sie Ihren Kindern, welche Früchte besonders giftig sind. Haben sie einen eigenen Garten, so zeigen sie Ihren Kindern hier, welche Pflanzen tabu sind. Häufig gepflanzt und besonders giftig sind Goldregen, Lebensbaum (*Thuja*), Liguster, Efeu, die rohen Früchte der roten Gartenbohne sowie die beliebten Engelstrompeten.

herausbekommen, ob sie den Kern verschluckt oder ausgespuckt haben! Symptome einer Vergiftung sind Mundtrockenheit, Rotfärbung der Lippen sowie Übelkeit.

Aronstab

Unten am Waldboden reifen die giftigen, roten Früchte des Aronstabs, die fast nur von Kindern gepflückt werden.
Sie schmecken zunächst gut, dann treten oft ein starkes Brennen der Mundhöhle und Leibschmerzen auf. Vergiftungen mit Aronstab sind ernst und erfordern immer einen Arztbesuch!

Vogelbeere und Fliederbeere

Vor ihnen haben uns unsere Eltern zu Unrecht gewarnt: „Vogelbeeren", wie die Früchte der Eberesche (*Sorbus aucuparia,* Seite 130) im Volksmund genannt werden, sind nicht giftiger als die beliebten „Fliederbeeren", die Früchte des Schwarzen Holunders (*Sambucus nigra,* Seite 144). Aber für beide gilt: Roh gegessen sind sie schwach giftig, gekocht eine vitaminreiche Delikatesse!

Hornisse, Hummel & Co.

Hummeln können nicht stechen – oder doch? Wohin kneift der Ohrenkneifer? Was sind das für Fliegen, die uns im Sommer an der Badestelle piesacken, und töten 7 Stiche der Hornisse wirklich ein Pferd?

Friedliche Brummer?

Die kleine Katrin kommt laut heulend aus dem Garten ins Haus gerannt: „Auaaa! Ich bin auf eine Hummel getreten!". Ihre große Schwester schüttelt beruhigend den Kopf: „Die können doch gar nicht stechen!" Dick wird der Fuß trotzdem. Hummeln können – entgegen der weitverbreiteten Volksmeinung – sehr wohl recht schmerzhaft stechen. Sie tun es nur selten. Denn anders als bei Wespen kommt es kaum zu Konflikten mit Menschen. Hummeln sind friedliche Blütenbesucher, sie stechen nur aus „Notwehr" – zum Beispiel, wenn man versehentlich auf eine Hummel tritt, die gerade auf dem Rasen auf einer Kleeblüte sitzt oder wenn Kinder versuchen, die hübschen, dicken Brummer mit der Hand zu fangen. Aggressiv werden Hummeln nur bei massiven Störungen im unmittelbaren Nestbereich – aber immer mit Vorwarnung: Zornig summend umkreisen ausschwärmende Nestinsassen den Störenfried. Zieht der sich nicht zurück, stechen Hummeln auch zu. Hummelstiche tun zwar weh, sind für Nichtallergiker aber genauso ungefährlich wie der Stich

GANZ NAH DRAN

Kneift der wirklich?

„Ohrenkneifer" oder „Ohrwürmer" werden sie genannt. Keine sehr vertrauenserweckenden Namen für die versteckt lebenden Tierchen mit ihren kräftigen Zangen am Hinterleib. Nichts hält so lange wie unwahre Geschichten: Ohrenkneifer (Seite 88) sind keinesfalls darauf erpicht, nachts in unsere Ohren zu kriechen, um uns da zu kneifen! Was sollen sie da auch: Ihre Nahrung besteht aus kleinen Insekten und aus Blättern oder Früchten. Ihre Zangen brauchen sie bei der Begattung und zur Verteidigung – Menschen können sie damit aber nicht wehtun!

▼ Eine dunkle Erdhummel.

▼ Eine Hornisse am Fallobst.

von Bienen, Wespen oder Hornissen. Haben Sie ein Hummelnest im unmittelbaren Hausbereich, das dort nicht bleiben kann, kontaktieren Sie den örtlichen Naturschutzverein: Hummeln sind nützliche und geschützte Blütenbesucher und oft gelingt eine Umsiedlung des Hummelnestes (nur für Experten in Schutzbekleidung!).

Ganz schön lästig

Das ist wirklich hinterhältig: Bremsen sehen auf den ersten Blick aus wie harmlose Fliegen. Dann stechen sie beherzt zu – und das tut bei einigen Arten ganz schön weh, denn ihre Stechborsten sind ziemlich dick. Hinterher bilden sich dicke, juckende Quaddeln auf der Haut. Bremsen haben ein unverwechselbares Erkennungsmerkmal: Ihre großen, metallisch leuchtenden Augen! Ausgesprochen stechlustig ist die Regenbremse (Seite 100) , die vor allem bei feucht-schwülem Wetter unterwegs ist, geräuschlos anfliegt und bevorzugt von hinten in Arme und Beine sticht. Ein kleiner Trost: Nur die Hälfte der Bremsen sticht – es sind die Weibchen, die zur Produktion ihrer Eier eine kräftige Blutmahlzeit brauchen. Die Männchen sind harmlose Blütenbesucher.

▲ Faszinierende Augen einer Bremse.

NATURSCHUTZ-TIPP

Hornissen im Garten

Hornissen bauen ihre Nester gern in morschen Obstbäumen, gelegentlich auf Dachböden oder auch in Vogel-Nistkästen, die im August nicht mehr besetzt sind. Kein Grund zur Panik: Mit Hornissen als Nachbarn lässt es sich wirklich friedlich leben. Zeigen Sie Ihren Kindern das Hornissennest. Liegt es in einer eventuellen „Spielzone“, können Sie es vielleicht kurzfristig absperren. Aus gebührendem Abstand (4 m um das Nest) lassen sich die Tiere hervorragend beobachten – und sie vertilgen Unmengen wirklich lästiger Wespen! Verfliegt sich abends eine Hornisse, vom Licht angelockt, ins Wohnzimmer, so findet sie den Weg bei abgeschaltetem Licht auch wieder hinaus.

Angst vor Hornissen

Kaum ein Vorurteil hält sich so hartnäckig wie das Märchen von den 3 Hornissenstichen, die angeblich einen Menschen töten sollen. Hornissenstiche sind nicht gefährlicher oder schmerzhafter als „normale“ Bienen- oder Wespenstiche! Hornissen sind auch nicht angriffslustig, im Gegenteil: Sie sind wesentlich scheuer und zurückhaltender als Bienen oder andere Wespen.
So belästigen uns Hornissen nicht beim Kuchenessen auf der Terrasse und fliegen auch nicht in die Apfelsaftgläser der Kinder. Vorsicht geboten ist beim Fallobst: Auf der Unterseite knabbern Hornissen gern. Also: Erst schauen, dann sammeln!

Buntes Herbstlaub – goldener Oktober

Birken und Pappeln färben sich jetzt leuchtend gelb, Ahorn und Lärche warm orange und der Wilde Wein wetteifert mit Pfaffenhütchen und Eberesche um das schönste Rot. Wie die Schlussinszenierung zum bunten Sommerhalbjahr präsentieren sich jetzt unsere Laubbäume noch einmal von ihrer prächtigsten Seite – um schon bald ihre Blätter abzuwerfen. Was macht die Blätter bunt – und warum müssen sie fallen?

◀ Im Herbst verfärbt sich der Wilde Wein leuchtend rot.

Warum werden Blätter bunt?

So bezaubernd es ist, das Umfärben der Blätter hat für die Bäume einen ganz pragmatischen Sinn. Bevor sie ihre Blätter abwerfen, ziehen sie noch schnell alles an verwertbaren Nährstoffen heraus, was sie für die Blattentwicklung im nächsten Frühjahr wieder gebrauchen können. Stück für Stück zerlegen sie ihr kostbares Blattgrün in kleine Bestandteile und deponieren diese in Zweigen, Stämmen und Wurzeln. Durch den Abbau des Blattgrüns kommen nun die anderen, bisher vom Grün überlagerten Pigmente voll zur Geltung: die Xanthophylle (gelb), Karotinoide (gelb, orange, rot) und die Anthocyane (rot, violett) zaubern die herbstliche Laubfärbung hervor. Braun als Farbe tritt erst beim Absterben der Blätter auf, Ursache ist die Oxidation von Gerbstoffen zu braunen Farbstoffen (Phlobaphene).

Der Sinn des Blattfalls

Hat der Baum alle verwertbaren Inhaltsstoffe aus seinen Blättern herausgezogen, kann er sie getrost abwerfen. Denn im Winter sind sie ihm nicht mehr nützlich: Es ist zu kalt und auch nicht mehr hell ge-

NATURSCHUTZ-TIPP

Zu schade für den Laubsauger

Laub enthält viele Nährstoffe, die eine zusätzliche Torfgabe in den Beeten überflüssig macht. Regenwürmer und ganze Heerscharen winziger Organismen zerkleinern die Blätter und machen sie zu einer wertvollen, kostenlosen Mulchschicht. Bedecken Sie das Laub auf den Beeten locker mit Zweigen und Strauchschnitt, damit die Herbststürme es nicht wegwehen. Wenn Sie übriges Herbstlaub unter Bäumen und Sträuchern verteilen, bieten Sie hier etlichen Nützlingen, Schmetterlingen und Igeln ein Winterquartier – und hungrigen Vögeln einen reich gedeckten Tisch!

▲ Wenn aus grünen Wäldern leuchtend gelbe werden, beginnt der „Goldene Oktober".

TIPP FÜR KIDS

Basteln mit Herbstlaub

Für eine Tischdecke mit Blättermotiven brauchst Du: hellen Stoff, Stoffmalfarben in Herbsttönen und gepresste Blätter. Bestreiche die Blätter mit unterschiedlichen Farben (Verarbeitungshinweise auf der Packung der Stoffmalfarben beachten!), lege sie mit der eingefärbten Seite auf den Stoff und drücke das Blatt leicht an. Du kannst die ganze Tischdecke gleichmäßig bedrucken, auch eine Bordüre außen herum sieht sehr schön aus.

nug, um noch mit den Blättern Photosynthese betreiben zu können und so Nährstoffe zum Wachstum zu produzieren. Im Gegenteil: Blätter verdunsten eine Menge Wasser – bei einer alten Rot-Buche sind es rund 400 Liter pro Tag. Bei gefrorenem Boden aber kann der Baum kein Wasser mehr mit seinen Wurzeln aufnehmen und müsste deshalb langsam austrocknen. So ist das Abwerfen der Blätter als geniale Anpassung der Laubbäume an unser Klima zu verstehen.

Praktisch entsorgt

Das Abwerfen der Blätter erfüllt „nebenbei" noch so manch anderen Zweck: Ohne Blätter halten Bäume winterlichen Schneelasten besser stand und auch aufgenommene Umweltgifte können sie gemeinsam mit den Blättern loswerden. Seinen Knospen, jetzt schon angelegt, sichert der kahle Baum den bestmöglichen Start in den Frühling: Sie können die ersten Sonnenstrahlen voll aufnehmen, weil kein dichtes Blattwerk sie daran hindert.

Die innere Uhr der Bäume

Woher wissen Bäume, wann der rechte Zeitpunkt zum Umfärben und Laubfall gekommen ist? Es wird eingeleitet mit dem Übergang vom sommerlichen Langtag zum herbstlichen Kurztag. Dabei lassen sich manche Bäume hinters Licht führen: Straßenbäume, die in der Nähe von Laternen wachsen, färben sich später um und behalten auch ihre Blätter länger!

So überwintern unsere Tiere

◀ Sammelt Eicheln: Eichelhäher legen sich jetzt unterirdische Vorratskammern an.

Vorratssammler

Unermüdlich sieht man jetzt den Eichelhäher zwischen einzeln stehenden Eichen und dem nahen Waldrand hin- und herfliegen, Eichhörnchen suchen gründlich jeden Haselnussstrauch ab und die Mäuse am Waldboden schaffen Bucheckern in ihre Verstecke. Wer im Winter nicht hungern will, der muss jetzt vorsorgen. Vögel und Säugetiere, die auch im Winter aktiv sind, legen sich Vorratskammern an. Nicht alle finden sie nachher unter der dichten Schneedecke wieder – so keimen aus vergessenen Eicheln und Haselnüssen neue Bäume und Sträucher heran.

▼ Mit Frostschutzmitteln in seinen Körpersäften widersteht der Zitronenfalter Frösten.

Schmetterlinge im Winter

Wo bleiben unsere Schmetterlinge im Winter? Die meisten Tagfalter sterben am Ende des Sommers. Überleben tun nur ihre Puppen, Raupen oder Eier. Als Schmetterling überwintern nur sechs der etwa 190 bei uns beheimateten Tagfalterarten: Kleiner und Großer Fuchs, Zitronenfalter, Tagpfauenauge, C-Falter und Trauermantel. Sie suchen sich am Ende des Sommers geschützte Verstecke in Baumhöhlen oder Schuppen. Ungeschützt dagegen sitzt draußen im Frost der Zitronenfalter: Er bildet im Winter das Frostschutzmittel Glycerin und übersteht

NATURSCHUTZ-TIPP

Zarte Überwinterer im Haus

Häufig suchen Schmetterlinge, Marienkäfer und Florfliegen Schutz in unseren Kellern oder auf Dachböden. Bitte „helfen" Sie den Tieren nicht, indem Sie sie ins Warme bringen! In warmen Räumen verbrauchen die Überwinterer schnell letzte Energiereserven ohne Möglichkeit, wieder „aufzutanken". So sterben sie vorzeitig. Belassen Sie gefundene Insekten bis zum Frühjahr in kühlen Räumen und sorgen Sie bitte dafür, dass dann ein leicht geöffnetes Fenster zum Abflug bereit steht.

▲ Nahrungsumstellung: Rehe leben im Winter von Baumrinde und Knospen.

so strengste Außentemperaturen. Es gibt auch Zugvögel unter den Schmetterlingen: Admiral, Distelfalter und Postillion wandern jeden Frühsommer aus Südeuropa ein – und versuchen im Herbst auch die Rückwanderung.

In Seen und Flüssen

Fische sind ebensowenig in der Lage ihre Körpertemperatur zu regulieren wie Frösche oder Schlangen. Deshalb fahren auch sie im Winter sämtliche Körperfunktionen auf ein Mindestmaß zurück. Viele ziehen sich dann auf den Grund der Seen zurück, wo die Wassertemperatur für gewöhnlich nicht unter 4 °C sinkt. Während wärmeliebende Fische wie Karpfen hier in einen winterschlafähnlichen Zustand verfallen, feiern kälte- und sauerstoffliebende Fische wie Forellen und Lachse bei Temperaturen ab 6 °C schon wieder Hochzeit: Sie ziehen flussaufwärts, um hier mitten im Winter ihre Eier abzulegen.

In Höhlen

Als echte Winterschläfer benötigen Fledermäuse gute Winterquartiere, in denen sie sowohl vor Frost als auch vor zu starker Überhitzung und Feinden geschützt sind. Gut geeignet sind hierfür schmale Felsspalten, Baum- und Felshöhlen, aber auch Dachböden von Häusern oder Kellergewölbe. In guten Winterquartieren kuscheln sich manchmal bis zu 100, gelegentlich aber auch 1000 Fledermäuse und noch mehr eng aneinander.

NATURSCHUTZ-TIPP

Nistkästen als Winterquartiere

Nistkästen nützen nicht nur Vögeln zum Brüten! Wer im Herbst alte Nester entfernt und die Kästen gründlich reinigt, darf sich auf weitere Mieter gefasst machen: Schmetterlinge wie Tagpfauenauge und Kleiner Fuchs ziehen gerne hier ein, mit etwas Glück suchen auch Fledermäuse, Siebenschläfer oder Gartenschläfer Unterschlupf.

Karge Kost

Keine besonderen Maßnahmen zur Überwinterung treffen Rehe und Hirsche, abgesehen von ihrem dichten, warmen Winterfell. Ihr Stoffwechsel läuft jetzt, wo das Nahrungsangebot knapp ist, „auf Sparflamme", und so können sie gut von Baumrinde und Knospen leben.

Spannendes entdecken in den Alpen

Schroffer Fels, extreme Temperaturschwankungen, kurze Sommer und ein langer Winter mit oftmals monatelanger Schneebedeckung – die Alpen sind ein Lebensraum für faszinierende Spezialisten wie Gämse, Enzian und Alpensalamander.

Alpenpflanzen: Je höher, desto kleiner

Starten wir frühmorgens im Tal zu einer Bergwanderung, so führt unser Weg zunächst durch Wiesen, dann durch schattige Laubwälder – so wie wir sie kennen. Ab etwa 1000 m Höhe ändert sich die Landschaft: Buchen und Eichen werden nach und nach von Nadelbäumen abgelöst und es wird auch merklich kühler. Schließlich lichten sich die Fichten und Kiefern: In Höhen ab 1500 m wachsen die Bäume merkwürdig krumm und es ist windig – wir sind im Krummholzgürtel. Wandern wir weiter bis auf Höhen um 2000 m, so finden wir hier keine Wälder mehr: Nur noch Zwergsträucher wie die Alpenrosen ducken sich zwischen die Felsen. Austrocknende Winde, kühlere Temperaturen und intensive Sonneneinstrahlung haben das Landschaftsbild hier oben entscheidend verändert, es wird so richtig schön alpin. Bäume können hier nicht mehr wachsen, wir haben die natürliche Baumgrenze überschritten. Wer weiterwandert bis auf Höhen über 2500 m hat sich eine ausgiebige Mittagspause verdient – und wird mit phantastischen Ausblicken belohnt. Hier oben blüht in schmalsten Felsritzen so manche Kostbarkeit – wie der leuchtend blaue Enzian. In Höhen um 3000 m schließlich beginnt der ewige Schnee: Nur noch Flechten und Moose wachsen hier auf dem Gestein.

▼ Ein Steinbrech in einer Felsspalte.

GANZ NAH DRAN

Bricht der Steinbrech den Stein?

„Steinbrech": So heißen viele der kleinen, oftmals prächtig blühenden Polsterpflänzchen, die sich in den Alpen noch in Höhen über 3000 m behaupten – und wegen ihrer Blütenpracht auch unsere Herzen und Steingärten erobert haben. Tatsächlich sehen die Steine manchmal aus, als wären sie durch die Wuchskraft der Blumen auseinandergesprengt worden. Doch dem ist nicht so: Steinbrech-Arten sind einfach extrem genügsam: Zum Wachsen reicht ihnen schon eine winzige Portion Feinerde, die sich in einer Felsspalte angesammelt hat.

▲ Eigentlich sind Murmeltiere scheu – aber auch sehr neugierig.

Alpentiere: Leben in Extremen

Wer hoch oben in den Alpen überleben will, muss sich etwas einfallen lassen. Das ist nicht vielen Tieren gelungen, die wenigen aber, die es geschafft haben, überraschen mit innovativen Tricks. Allen voran die Hochgebirgskünstler Gämse und Steinbock, die noch in schwindelerregenden Höhen über steilste Felsgrate springen und selbst im Winter immer noch etwas zu knabbern finden. An beliebten Ausflugszielen lassen sich im Sommer die possierlichen Murmeltiere gern von Menschen füttern, doch ihr eigentlicher Trick besteht darin, den monatelangen Winter zu überstehen: Zu futtern finden die Grasfresser unter der dichten Schneedecke jedenfalls nichts. So verschlafen sie einfach die 6 kalten Monate in ihren mehrere Meter tiefen Gängen und Höhlen. Der Alpensalamander begegnet den kühlen Hochgebirgssommern mit einer für Amphibien besonderen Strategie: Er legt seine Eier nicht einfach in Gewässer, sondern trägt seine Jungen so lange im Bauch umher, bis sie fertig entwickelt geboren werden!

Nahrungsengpässe gibt es kaum für die schlauen Alpendohlen und Kolkraben. Wo Wanderer ihren Rastplatz aufschlagen, warten sie schon in sicherer Entfernung auf die Reste der Mahlzeit – aber bitte ohne Verpackungsmüll!

GANZ NAH DRAN

Woher kommt der Schutt?

Auf unserer Wanderung mitten in der schönsten, unberührt wirkenden Hochgebirgslandschaft finden wir sie immer wieder: Schutthalden, die auch noch so heißen. Dieser Schutt hat jedoch keinen unangenehmen Beigeschmack sondern ist ganz und gar natürlichen Ursprungs. Er entsteht am Fuß von Felswänden, wenn Felsen splittern und in die Tiefe stürzen. Das passiert zum Beispiel durch Wasser, das in feine Gesteinsrisse eindringt, hier gefriert und sich ausdehnt. Aber auch eine starke Erwärmung der Gesteinsoberfläche kann Felsen zerspringen lassen. Dieser Felsschutt ist ein wichtiger Lebensraum für viele Alpenblumen.

Alpenmurmeltier *Marmota marmota*

HÖRNCHEN

Merkmale: Größter Vertreter der Hörnchen-Familie, unverwechselbar; KRL 47–61 cm, SL 13–20 cm, G 4–8 kg; Behaarung dicht, dunkel graubraun.
Verbreitung: Beheimatet nur in den W-Alpen, im W-Teil der O-Alpen (Schweiz, Frankreich, Italien, W-Österreich, in D im Allgäu und Berchtesgadener Land) und in der Hohen Tatra; aber erfolgreich in vielen anderen Gebirgsregionen in EU ausgesetzt.
Wissenswertes: Die tagaktiven A. besiedeln in Familiengruppen waldfreie Flächen zwischen 800 m und 3200 m Höhe. In einer Kolonie halten einzelne Tiere auf erhöhten Stellen oft „Männchen machend" Wache, um bei nahender Gefahr (Steinadler, Uhu, Kolkrabe oder Raubsäuger) mit schrillen Pfiffen ihre Artgenossen zu warnen, die dann blitzartig in den Röhren ihres Baus verschwinden. Zur Paarungszeit (IV – Mitte V) besetzen, markieren und verteidigen die ♂ Reviere. Ihren Winterschlaf verbringen A. gemeinsam, zusammengerollt im mit trockenem Gras ausgepolsterten Schlafkessel ihrer umfangreichen Baue. **(RL)**

Alpensalamander *Salamandra atra*

SALAMANDER UND MOLCHE

Merkmale: Länge bis 16 cm; immer einfarbig braunschwarz bis tiefschwarz; schlanker Körperbau, oft „mager" wirkend, daher nicht verwechselbar mit den selten vorkommenden Schwärzlingen des Feuersalamanders.
Verbreitung: EU von den Alpen bis zur nordwestlichen Balkanhalbinsel.
Wissenswertes: A. sind Charaktertiere der höheren Gebirgslagen (800 m–3000 m). Als Tagesverstecke werden Steinplatten, Totholz oder Mauslöcher aufgesucht, die oft auch als Winterquartiere genutzt werden. Paarungsspiel ähnlich wie beim Feuersalamander. Nach einer Tragzeit von 2–4 Jahren werden 2–4 voll ausgebildete, lungenatmende Jungtiere von 4–5 cm Länge geboren. Damit haben A. ihre gesamte Fortpflanzung vom Wasser abgekoppelt, während die kiemenatmenden Larven der meisten anderen Amphibienarten Wasser brauchen. A. wehren sich gegen Fressfeinde (wie Alpendohle, Elster, Kreuzotter) durch Ausscheiden giftiger Hautsekrete. **(RL), §!**

Gämse *Rupicapra rupicapra*

HORNTRÄGER

Merkmale: Ziegenähnlich; KRL 110–140 cm, SL 10–15 cm, SH 70–85 cm, G 22–62 kg (♂), 14–50 kg (♀); beide Geschlechter mit Hörnern; Fell im Sommer rötlich braun mit dunklem Aalstrich auf dem Rücken, im Winter mehr schwarzbraun; verlängerte Haare auf der Kruppe („Gamsbart").
Verbreitung: Alpen, Gebirge von SO und S-EU, Kaukasus, Kleinasien; in verschiedenen Mittelgebirgen in und außerhalb von EU eingebürgert (in D im Schwarzwald und der Sächsischen Schweiz).
Wissenswertes: Als hervorragende Kletterer bewohnen G. offenes und felsiges Gelände. Die tagaktiven Tiere leben in Rudeln oder einzeln. Bei Beunruhigung warnen sie die anderen durch Aufstampfen mit den Füßen und heiseres Pfeifen. Ihre Nahrung besteht aus Gräsern, Kräutern, Knospen und Beerensträuchern, ihre natürlichen Feinde sind v. a. Luchs, Wolf und Adler. Im Sommer leben G. oberhalb der Waldgrenze. Weibliche G. bilden zusammen mit Kitzen und Jährlingen große Rudel, Böcke leben in kleinen Gruppen oder allein. **§!**

Alpendohle *Pyrrhocorax graculus*

KRÄHENVÖGEL

Merkmale: Kleiner als eine Krähe, etwas größer als die Dohle; Gefieder einheitlich glänzend schwarz; Schnabel gelb, Beine orangerot; Jungvögel ohne Gefiederglanz, bräunlicher Schnabel.
Verbreitung: Brutvogel der Hochgebirge in den gemäßigten Breiten Eurasiens (2 Unterarten); Standvogel.
Wissenswertes: A. nisten kolonieweise oder einzeln in Felshöhlen und -spalten, mitunter auch an Gebäuden, Bergstationen und Ruinen. Von allen Hochgebirgsvögeln haben sie sich am engsten an den Menschen angeschlossen. An Bergstationen und viel bestiegenen Gipfeln halten sich die Vögel in großen Trupps auf, um sich von den Besuchern füttern zu lassen. Die 3–5 Eier werden vom ♀ allein bebrütet, die Jungen werden dann von beiden Eltern versorgt.

Rostblättrige Alpenrose *Rhododendron ferrugineum* HEIDEKRAUTGEW.

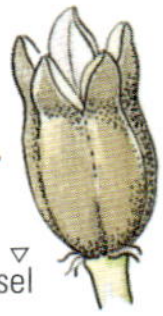

Frucht = Kapsel ▽

Merkmale: Immergrüner, reich verzweigter Kleinstrauch mit kräftigen, aufrecht stehenden Ästen und Zweigen, bis zu 1,3 m hoch; junge Triebe rotbraun beschuppt, Äste und Stämme mit graubrauner Rinde.

Blätter wechselständig, zu den Zweigenden hin gehäuft, 2–4 cm lang und etwa 1 cm breit, länglich lanzettlich, vorn zugespitzt bis stachelspitzig, ledrig, fest, am leicht umgeschlagenen Blattrand fein gezähnt, oberseits glänzend dunkelgrün und kahl, unterseits dicht rostrot schuppenhaarig, nur etwa 2 Jahre am Strauch bleibend.

Blüten 5–8 mm lang gestielt, zu mehreren in gedrängten, endständigen Trauben, Kelchblätter verwachsen, Krone tiefrosa bis kräftig rot, bis 2 cm lang und ebenso breit, trichterförmig geöffnet, innen kurz behaart, 10 Staubblätter, die Krone nicht überragend, am Grund wollig behaart; Blütezeit V–VII.

Früchte holzige Kapseln, bräunlich, Samen extrem leicht, werden vom Wind verfrachtet; ab VIII.

Standort: Lichte Gebüsche und Wälder, Zwergstrauchbestände an Gebirgshängen (dort oft dominant), meidet kalkhaltigen Untergrund, kommt daher nur auf sauren und silikatischen Böden vor; wichtiger Rohbodenpionier.

Verbreitung: Pyrenäen, Alpen, Jura, Apennin, Karpaten, Balkangebirge, bis in etwa 2800 m Höhe, gelegentlich auch außerhalb des natürlichen Verbreitungsgebiets in Gartenkultur. **§!**

Wissenswertes: Die R. A. kommt aufgrund der unterschiedlichen Bodenbedürfnisse fast nie mit der folgenden Art zusammen vor, bildet damit aber gelegentlich Bastarde.

Behaarte Alpenrose *Rhododendron hirsutum* HEIDEKRAUTGEWÄCHSE

Frucht = Kapsel ▹

Merkmale: Immergrüner, dicht verzweigter und stark buschiger Strauch mit aufrechten, kräftigen Ästen und Zweigen, um 1 m hoch; junge Triebe zerstreut behaart und nur wenig beschuppt.

Blätter wechselständig, kurz gestielt, 1–3 cm lang und bis 1,5 cm breit, ledrig, im Aussehen etwas an Lorbeer erinnernd, oberseits glänzend hellgrün und kahl, auf der Unterseite zerstreut mit Drüsenschuppen besetzt, am Rand ebenso wie auf dem Blattstiel lang und etwas borstig bewimpert.

Blüten bis zu 1,5 cm lang gestielt, an den Zweigenden in kopfig gedrängten Trauben, Kronen glockig-trichterförmig, leuchtend hellrot, bis 1,5 cm lang und fast ebenso breit, außen mit Drüsenschuppen, innen behaart, Staubblätter ungleich lang und am Grund behaart; Blütezeit V–VII (X).

Früchte ovale, holzige Kapseln, die von der Spitze her mit 5 Klappen aufspringen und zahlreiche sehr kleine, hellbraune Samen freigeben; Fruchtreife je nach Höhelage ab VIII.

Standort: Latschengürtel und andere Gebüsche im Bereich der Waldgrenze, felsige Hänge, Geröllhalden, in tieferen Lagen auch feuchte Schluchten, in erster Linie auf Kalkgestein.

Verbreitung: Nördliche und südliche Ostalpen, in den Bergketten der Zentralalpen nur stellenweise; außerhalb des natürlichen Verbreitungsgebiets angepflanzt, aber kaum eingebürgert. **§!**

Gelber Enzian *Gentiana lutea*

ENZIANGEWÄCHSE

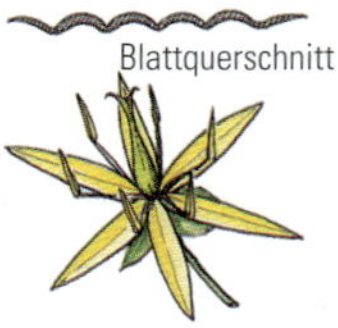

Merkmale: 50–140 cm hohe, graugrüne, kräftige Staude mit einfachen, aufrechten Stängeln; Blätter kreuzweise gegenständig, mit 5–7 bogenförmigen, kräftigen Nerven, breit lanzettlich; Blüten zu 3–10 büschelig in den oberen Blattachseln; Krone trichter- bis sternförmig ausgebreitet, goldgelb, mit schmalen Zipfeln; Blütezeit VI–VIII.

Standort: Von Tallagen bis in 2500 m Höhe, Kalk liebend; Weiden, Hochstaudenfluren, Blockhalden und Karfluren.

Verbreitung: Gebirge in M.- und S-EU. **§!**

Wissenswertes: Der G. E. wächst sehr langsam, blüht erst mit 10 Jahren und wird bis zu 60 Jahre alt. Aus seiner bis zu 1 m langen Pfahlwurzel, die appetitanregende und verdauungsfördernde Bitterstoffe (Glykoside) enthält, werden Magenbitter und Enzianschnäpse hergestellt.

Alpen-Grasnelke *Armeria alpina*

BLEIWURZGEWÄCHSE

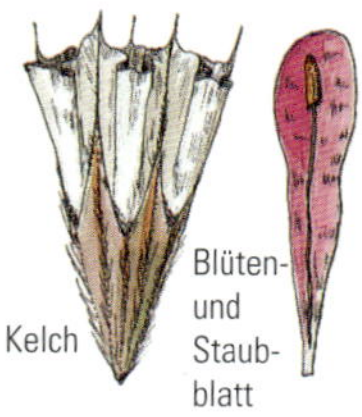

Merkmale: 5–30 cm hohe, kahle, in dichten Polstern wachsende Staude mit aufrechten, unbeblätterten Stängeln; Blätter grasartig schmal, etwas fleischig, 1- bis 3-nervig, in grundständiger Rosette; Blüten in den Achseln weißhäutiger Tragblätter, zahlreich in einem endständigen, 2–3 cm breiten, kopfigen Blütenstand, umgeben von trockenhäutigen Hochblättern, die den Stängel scheidenartig umhüllen; 5 rosarote, zungenförmige Kronblätter, am Grund verwachsen; Kelch dicht behaart; Blütezeit VI–IX.

Standort: Steinige Böden, offene Rasen, Schutt, Felsspalten; in Höhenlagen von 1500–3000 m.

Verbreitung: Alpen (vor allem S-Alpen), Gebirge von N-Spanien bis zum Balkan. **§!**

Wissenswertes: In Südtirol wird die A. auch als Schlernhexe bezeichnet.

Stängelloser Enzian *Gentiana acaulis*

ENZIANGEWÄCHSE

Merkmale: 5–10 cm hohe Staude, Grundblätter verkehrt eiförmig, bis 10 cm lang, kaum ledrig; Blütenkelch mit grünlichen Streifen und Flecken; Kelchzähne stumpf oder kurz zugespitzt, meist eingeschnürt und abstehend; Buchten zwischen den Kelchzähnen breit, mit weißer Verbindungshaut; Blütezeit V–VIII.

Standort: 1000–3000 m, auf kalkarmen Böden.

Verbreitung: Alpen; Pyrenäen bis Balkan. **§!**

Wissenswertes: Die Glocken der stängellosen Enzian-Arten schließen sich sowohl bei Erschütterungen, etwa durch Regen oder Hagel, wie auch bei sinkenden Temperaturen.

Ähnlich: **Alpen-Enzian** *Gentiana alpina*, Grundblätter nur 1–2 cm lang, ledrig; Krone bis 3 cm lang, innen grün gestreift; W- und S-Alpen. **§!**

Weißer Germer *Veratrum album*

LILIENGEWÄCHSE

Merkmale: 50–150 cm hohe, kräftige Staude mit aufrechtem, einfachem Stängel, wechselständig beblättert; Blätter schraubig angeordnet, die untersten breit oval, bis zu 20 cm lang, die oberen lanzettlich, alle tief gefurcht und den Stängel umfassend; Blüten in einer dichten, verzweigten Rispe; Blütenhüllblätter 10–20 mm breit, je nach Unterart weißlich mit grünen Nerven (*V. a.* ssp. *album*) oder gelblich grün mit dunkler grünen Nerven (*V. a.* ssp. *lobelianum*, kleines Foto); Blütezeit VI–VIII.

Standort: Bis 2700 m; feuchte Wiesen, Weiden, Läger, Hochstauden, Flachmoore.

Verbreitung: Alpen und Vorland, Apennin, O-EU.

Wissenswertes: Die Pflanze ist stark giftig, ein Verzehr auch geringer Mengen führt ohne ärztliche Hilfe innerhalb weniger Stunden zum Tod. Vom Vieh wird sie gewöhnlich gemieden.

Spannendes entdecken an der Küste

Wasser, Salz, Sand und Wind – an der Küste herrschen andere Bedingungen als irgendwo sonst. Deshalb leben hier auch ganz besondere Pflanzen und Tiere.

Düne und Strand

Auf Stränden und Dünen können nur wenige und sehr spezialisierte Pflanzen Fuß fassen. Im lockeren Sand gibt es kaum Nährstoffe, die salzige Luft trocknet das Gewebe aus und der ständige Wind bläst immer wieder feinen Sand über zarte Pflänzchen. Der Strandhafer schafft es, mit dem sich auftürmenden Sand Schritt zu halten: Er bildet einfach neue Wurzeln am Stängel aus und wächst mit der Düne in die Höhe. Damit das Salz sie nicht austrocknet, lagern einige Pflanzen wie der kleine, kaktusähnliche Queller viel Wasser in ihrem Gewebe ein – sie wirken dadurch dickfleischig.

GANZ NAH DRAN

Werden Sie Spülsaum-Sucher

Besonders nach Stürmen lohnt ein Spaziergang entlang an flachen Sandstränden. Wahre Schätze werden hier im „Spülsaum“ mit den Fluten angespült: Kalkige Skelette von Tintenfischen und Seeigeln, faustgroße leere Laichballen von Schnecken, Vogelfedern, eine Fülle verschiedener Muschelschalen, Krebspanzer und – mit etwas Glück – sogar kleine Bröckchen echten Bernsteins.

▼ Im Watt verstecken sich Wattwürmer, Muscheln – und Standkrabben.

Auch Vögel schaffen es, in diesem kargen Lebensraum ohne Versteckmöglichkeiten zu brüten. Sie scharren einfach eine kleine Kuhle in den Sand und legen ihre gut getarnten Eier hinein. Der auffälligste Vogel der Küsten ist der schwarzweiße Austernfischer mit seinem langen, roten Schnabel. An ungestörten Stränden finden sich sogar ganze Seevogel-Kolonien aus Seeschwalben und Möwen: Sie profitieren vom Nahrungsreichtum im flachen Küstenwasser.

Salzwiesen

Küstennahe Wiesen stehen unter dem Einfluss des Meerwassers – gelegentlich werden sie sogar ganz überflutet. So sind

die Böden hier sehr salzig – aber auch sehr nährstoffreich, denn das Wasser bringt feinen Schlick mit. Besonders an der Nordsee finden sich ausgedehnte Salzwiesen. Die meisten werden mit Schafen beweidet und ähneln eher einem Golfrasen. Wo Salzwiesen sich entfalten dürfen, öffnet sich besonders im Spätsommer eine Blütenpracht aus Grasnelken, Strandflieder und Strandastern. Solche Salzwiesen sind wichtige Brutbiotope für viele Küstenvögel.

Was ist eigentlich Watt?

An der Nordsee verzieht sich das Meerwasser ziemlich genau alle 6 Stunden in Richtung hohe See – zurück bleiben weite Flächen Meeresboden: das Watt. Magisch zieht es nun Scharen barfüßiger „Wattwanderer" an – aber auch Watvögel in Hülle und Fülle. Im Frühjahr und im Herbst ist das Wattenmeer dann eine internationale Drehscheibe für den Vogelzug: Millionen arktischer Vögel wie der Knutt rasten hier auf ihrem Weg ins afrikanische Winterquartier, um ihre Kraftreserven aufzufüllen. Das Watt mit seinen Würmern und Krebsen bietet ihnen einen reich gedeckten Tisch, ohne den sie ihre

▲ Seehunde ganz nah: Einzigartig auf der Nordseeinsel Helgoland.

weite Reise nicht schaffen würden. Eine geführte Wattwanderung lüftet die Geheimnisse des Wattbodens: Mit Know-how und einem Spaten werden hier Wattwurm, Sandklaffmuschel und Strandkrabbe ans Tageslicht befördert. Außerdem wird erklärt, was der Mond mit Ebbe und Flut zu tun hat.

GANZ NAH DRAN

Seehunde

Ungestörte Sandbänke sind die Kinderstube der Seehunde: Hier werden die jungen „Heuler" geboren. Bis sie selber auf Krebs- und Fischfang gehen können, werden sie hier regelmäßig von ihren Müttern gesäugt. Deshalb dürfen diese Sandbänke im Sommer nur aus sicherer Entfernung beobachtet werden. Erwachsene Seehunde gehen bis zu 30 km ins offene Meer hinaus auf die Jagd. An der niederländischen, deutschen und dänischen Nordseeküste leben rund 15000 Seehunde.

Seehund *Phoca vitulina*

HUNDSROBBEN

Merkmale: KRL 140–190 cm, G 60–110 kg; ♂ größer u. schwerer als ♀; kleiner Kopf, relativ deutliche Ohröffnungen; kurze Vorderflossen, die oft faustartig eingekrümmt werden; Färbung variabel.
Verbreitung: Europäische Atlantikküste (einschließlich Nordsee, in der Ostsee selten) bis Spanien; Küsten N-Amerikas und des N-Pazifiks.
Wissenswertes: Am häufigsten sieht man die an Land unbeholfenen S. auf Sandbänken im Watt oder auf Felsstränden ruhen. S. jagen viele Fischarten, Kopffüßer, Krebs- und Weichtiere, im Watt v. a. junge Plattfische. Ihre Beute finden sie im Oberflächenwasser wie auf Tauchgängen von bis zu 100 m Tiefe und 30 Minuten Länge. Oft jagen S. im Verbund und treiben sich dabei die Beute zu. Die fast ausschließlich tagaktiven Robben sind weitgehend gebietstreu, nur jüngere S. wandern. Bei Abwesenheit oder Verlust der Mutter geben die jungen S. einen charakteristischen heulenden Laut von sich, der ihnen ihren Namen „Heuler" einbrachte. **RL, §!**

Austernfischer *Haematopus ostralegus*

AUSTERNFISCHER

Merkmale: 40–45 cm groß; durch schwarz-weißes Gefieder und roten, langen Schnabel unverwechselbar; sehr stimmfreudig und laut, häufigster Ruf „kwie-wiep", „kliip" o. ä., bei Erregung immer schneller und in einem langen Triller endend.
Verbreitung und Lebensraum: Küstenvogel von NW- und M.-EU, seltener am Mittelmeer; brütet in M.-EU vor allem auf Salzwiesen und in Dünen an der Küste; zu den Zugzeiten und im Winter große Trupps an der Küste. Während A. bei Ebbe im Wattenmeer nach Würmern und Muscheln suchen, dienen bei Flut Sandstrände und Inseln als sichere Hochwasserfluchtplätze.
Brut: A. brüten im Alter von 3–5 Jahren das erste Mal, ein Teil der Altvögel schreitet aber nicht alljährlich zur Brut, sondern lebt das ganze Jahr über im Schwarm. Das Nest, eine einfache, flache Mulde, wird spärlich mit Muschelschalen ausgelegt und über viele Jahre benutzt. Die Jungen sind zwar Nestflüchter, müssen aber die Technik der Nahrungsaufnahme von ihren Eltern lernen. **§!**

Kegelrobbe *Halichoerus grypus*

HUNDSROBBEN

Merkmale: Größer als der Seehund; KRL 180–230 cm, G 105–310 kg; spindelförmige Gestalt; langer, kegelförmiger Kopf, Schnauze den Unterkiefer überragend; Färbung variabel.
Verbreitung: Nordatlantik, Küsten von Island, Großbritannien, Irland, Färöerinseln, Nord- und Ostsee; O-Küste Kanadas; bevorzugt in Meeresteilen mit Klippen sowie Fels- und Geröllküsten.
Wissenswertes: Die tagaktiven, sehr scheuen K. leben meist in kleinen Gruppen. Gewöhnlich paaren sich die ♂ mit mehreren ♀ und kämpfen dabei um ihr Fortpflanzungsrecht in Imponier-, selten Beschädigungskämpfen. Die Fortpflanzungszeit reicht von IX–III. Die Jungen werden an Land oder auf dem Eis (Ostsee) geboren, nach 4–6 Wochen wechseln sie ihr grauweißes Babyfell. Ihre Nahrung besteht aus einer Vielzahl von Küsten- und Hochseefischen sowie Wirbellosen, die in Tauchtiefen bis zu 130 m und Tauchlängen bis zu 20 Minuten erbeutet werden. K. sind heute v. a. durch die Meeresverschmutzung bedroht. **RL, §!**

Knutt *Calidris canutus*

SCHNEPFENVÖGEL

Merkmale: Mit 23–26 cm größter Strandläufer; wirkt plump durch kurzen Hals und relativ kurze Beine; Schnabel gerade, etwa kopflang; im Prachtkleid unterseits rostbraun, im Schlichtkleid einheitlich grau mit feiner dunkler Strichelung; Beine grünlich; im Flug langflügelig, schmale, weiße Flügelbinde und hellgrauer Bürzel zu sehen.
Verbreitung: Brutvogel der hocharktischen Tundra von Kanada und Grönland bis N-Sibirien. Brutvögel Grönlands sowie der kanadischen Inseln verbringen den Winter an europäischen Küsten, während sibirische Brutvögel an der Atlantikküste W-Afrikas überwintern.
Wissenswertes: K. brüten in küstennaher Flechten- und Moostundra. Außerhalb der Brutzeit halten sie sich auf Sand- und Schlickflächen der Gezeitenzone, im Binnenland an größeren Seen auf. Im Wattenmeer suchen K., oft in großen Trupps, nach Wirbellosen, v. a. Muscheln und Schnecken. Auf dem Zug legen K. Entfernungen von bis zu 5000 km im Nonstop-Flug zurück.

Prachtkleid

Jugendkleid

Strandkrabbe, Dwarslöper

Carcinus maenas ZEHNFUSSKREBSE

Merkmale: Länge bis 6 cm, Breite bis 8 cm; fünfeckiger Rückenpanzer, an der Vorderseite mit gesägtem Rand; Antennen sehr kurz; 4 Paar Laufbeine, 1 Paar kräftige Scheren; Färbung braun bis grünlich, oft gemustert.

Vorkommen: Überall an europ. Küsten; in der Gezeiten- u. Flachwasserzone an Sand- u. Felsküsten.

Wissenswertes: Auf ihren gelenkigen Beinen können die Tiere sehr schnell (auch seitwärts) laufen. Bei Gefahr recken sie dem Angreifer die ausgestreckten Scheren entgegen und schlagen sie, sobald ihnen etwas zu nahe kommt, blitzschnell zusammen. Trotz dieser durchaus wirksamen Abwehrmaßnahme werden sie häufig Opfer von Austernfischern, Möwen und größeren Fischen. Sie selbst sind Allesfresser, die auch Aas verzehren. Die Begattung erfolgt nur dann, wenn die ♀ sich gerade gehäutet haben. Die ♂ „sichern" sich die ♀ bereits einige Tage vorher, indem sie diese auf der Bauchseite mit sich herumtragen. Die Eier werden als orangebraunes Paket umhergetragen.

Wattschnecke *Hydrobia ulvae*

WATTSCHNECKEN

Merkmale: Nur bis 6 mm hoch; Gehäuse zart, leicht durchsichtig und kegelförmig zugeschnitten, Spitze stumpf, 7 Umgänge, Mündungsöffnung rundlich oval; Oberfläche matt glatt, Grundfarbe gelb bis tiefbraun.

Vorkommen: Europäischer Atlantik, Nord- und Ostsee (bis Tallinn), Mittelmeer; auf Sand- und Schlickböden in Ästuaren und weiten Wattgebieten, von der Gezeitenzone bis in 20 m Tiefe; auch in Seegraswiesen und auf Makroalgen.

Wissenswertes: Sobald das Wasser aufläuft und die W. überspült werden, treiben sie mit der Strömung umher und bilden dabei ein Schleimnetz, das planktische Organismen abfängt. Nach Einsetzen der Ebbe sinken die Schnecken zu Boden und grasen dort Kieselalgen von der Wattoberfläche. Wenn der Boden schließlich trockenfällt, graben sich die W. oberflächlich ein und erwarten so die nächste Flut. Bei ungünstigen Strömungsverhältnissen werden die W. auch massenhaft als „Mäusedreck" oder „Gruus" an den Strand gespült.

Amerikan. Schwertmuschel

Ensis americanus SCHEIDENMUSCHELN

Merkmale: Bis 16 cm lang und 2,8 cm hoch; leicht gebogene, schwertförmige Schalenklappen, die aber nicht sehr massiv sind; Außenseite von einer braunen, glänzenden Oberhaut überzogen.

Vorkommen: Europäische Atlantikküsten bis nach Dänemark; massenhaft im Wattenmeer; in Sandböden, von der unteren Gezeitenzone an abwärts.

Wissenswertes: Schwimmende Larven dieser Art wurden 1978 mit dem Ballastwasser von Schiffen von Nordamerika ins Wattenmeer eingeschleppt. Die A. S. konnte sich hier ansiedeln, vermehrte sich sogleich stark und breitete sich von dort aus nach W und N aus. Nach starken Stürmen werden A. S. häufig in großen Massen an den Strand gespült. Schwertmuscheln graben sich mit einem kräftigen Fuß senkrecht in den Boden ein und halten den Kontakt zur Oberfläche über 2 kurze Ein- bzw. Ausstromöffnungen. Bei Gefahr vermögen sich die Tiere auch schwimmend fortzubewegen. In Frankreich gelten Schwertmuscheln als ausgesprochene Delikatesse.

Gewöhnliche Herzmuschel

Cerastoderma edule HERZMUSCHELN

Merkmale: Länge bis 5 cm; Schalenklappen sehr kräftig und gewölbt, in der Form fast rund, auf der Außenseite gehen vom Wirbel 22–26 beschuppte Radiärrippen aus; konzentrische Zuwachsstreifen; Innenseite glatt und am Schalenrand gezähnt; Farbe außen zwischen reinweiß, gelblich, cremefarben und braun, Innenseite reinweiß.

Vorkommen: Europäischer Atlantik, Nord- und westliche Ostsee (bis nach Mecklenburg); in Schlick-, Sand- und Grobsandböden, von der Gezeitenzone bis in 10 m Tiefe.

Lebensweise: G. H. leben oberflächlich eingegraben im Sediment. Da sie in stark überströmten Sedimenten häufig freigespült werden, müssen sie sich mit ihrem muskulösen Fuß schnell wieder eingraben können. Bei Veränderungen der Lebensbedingungen vermögen sich Herzmuscheln auf längere Wanderungen zu begeben. Doch sind sie auch in der Lage, erniedrigte oder stark schwankende Salzgehalte sowie eine vorübergehende Sauerstoffarmut zu ertragen.

Runzel-Rose, Kartoffel-Rose

Rosa rugosa ROSENGEWÄCHSE

Merkmale: Sommergrüner Zier- und Wildstrauch, 1–1,5 m hoch. Blätter gestielt, 5- bis 9-zählig unpaarig gefiedert, Fiedern elliptisch bis oval, grob gesägt, derb, oberseits durch eingesenkte Blattnerven runzelig; Nebenblätter breit, gesägt, mit abgespreizten Öhrchen. Blüten zu 1–3, tiefrosa oder purpurrosa, mitunter reinweiß, bis 8 cm breit, Kelchblätter kahl, aufgerichtet; Blütezeit V–VIII. Früchte (Hagebutten) 2–3 cm groß, kugelig, fleischig, scharlachrot, essbar (ohne Kerne); Fruchtreife ab VIII.

Standort: Gebüsche, Wegränder, Braundünen.

Verbreitung: Stammt aus O-Asien; in M.-EU vielfach als Zierstrauch angepflanzt und regional verwildert bzw. bereits eingebürgert, beispielsweise auf Küstendünen oder -heiden.

Wissenswertes: Die R. wurde um 1850 nach M.-EU eingeführt. Als ausgesprochen windfestes Gehölz wird sie auch in Schutzpflanzungen verwendet. Sie zählt zu den für die heimischen Kleintiere besonders wertvollen Gehölzen.

Queller *Salicornia europaea*

GÄNSEFUSSGEWÄCHSE

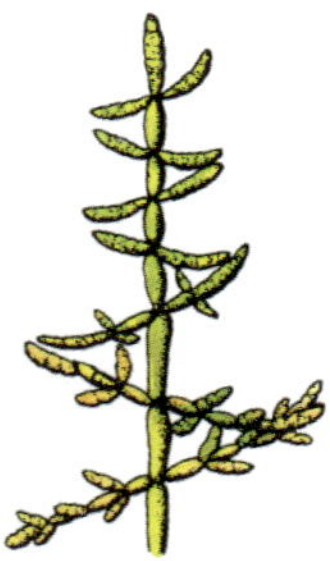

Merkmale: Vielgestaltige, einjährige Pflanze mit verzweigten, liegenden oder aufrechten, dickfleischigen Stängeln, die ab dem Spätsommer prächtig blut- bis karminrot gefärbt sind; Blätter zu kleinen Schuppen reduziert; Blüten unscheinbar und winzig, in kleinen Vertiefungen am Spross versteckt sitzend, Blütezeit VIII–X.

Standort: Stark salzhaltige Schlickböden.

Verbreitung: Meeresküsten von EU, Salzquellen.

Wissenswertes: Der Q. besiedelt einen schwierigen Standort, wo er seinen Wasserhaushalt gegen die Konzentration des Meerwassers bewältigen muss. Die notwendige Salzaufnahme kann er jedoch nicht regulieren – und stirbt daher im Herbst ab, nachdem er sich eindrucksvoll verfärbt hat.

Strandhafer *Ammophila arenaria*

SÜSSGRÄSER

Merkmale: Ausdauernd, mit reich verzweigten unterirdischen Trieben, Halme kräftig, weißlich graugrün, 60–100 cm hoch. Blattscheiden der Blätter glatt, mit überlappenden Rändern, im Gegensatz zum Strandroggen ohne Blattöhrchen; Blatthäutchen 25–30 mm lang, von der Spitze bis fast zum Grund tief gespalten; Blattspreiten steif, meist eingerollt, bis 60 cm lang, 4–6 mm breit, zugespitzt, oberseits auf den Blattnerven fein behaart, unterseits kahl, glatt. Blüten-Rispen bis 15 cm lang, allseitswendig, stets zusammengezogen, walzlich, nach oben hin schmaler; Ährchen dicht, 1-blütig, bis 16 mm lang; Hüllspelzen ausdauernd, lanzettlich, zugespitzt, die untere 1-nervig, die obere 3- bis 5-nervig, Deckspelzen lanzettlich, mit doppelter Spitze, an der Basis behaart; Blütezeit VI–VII.

Standort: Pionierpflanze auf leicht bewegten Sanddünen. Oft als Sandbefestiger auf den windzugewandten Dünenflanken angepflanzt.

Verbreitung: An allen europäischen Küsten, ferner in N-Amerika.

Meersenf *Cakile maritima*

KREUZBLÜTENGEWÄCHSE

Merkmale: Einjährige, reich verzweigte Pflanze mit aufrechten oder ausgebreiteten Stängeln, 10–40 cm hoch; Blätter wechselständig, 3–6 cm lang, dicklich fleischig, die unteren doppelt fiederspaltig, die oberen meist ungeteilt, hellgrün, leicht glänzend; Blüten bis zu 1 cm breit, Kronen rosa oder lila, selten auch weiß, zahlreich in einer kopfigen, oben abgeflachten Traube beieinander stehend, angenehm duftend, Blütezeit VII–IX; Schote 1–2,5 cm lang, 2-teilig, in der Reife gelblich, mit einem einzelnen Samen im oberen, leicht abbrechenden Teil.

Standort: Spülsäume, Weißdünen, vom Meerwasser beeinflusste Ruderalflächen.

Verbreitung: An allen europäischen Küsten häufig zu finden.

Wissenswertes: Wie alle im unmittelbaren Einflussbereich des Meeres vorkommenden Blütenpflanzen zeigt der M. das Phänomen der Salzsukkulenz: Die Blätter werden dicklich bei gleichzeitiger Verkleinerung der Oberfläche.

Tiere

Europäischer Igel *Erinaceus europaeus*

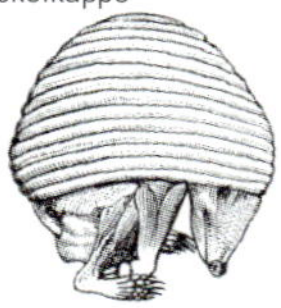

Merkmale: Im Aussehen unverwechselbar; KRL 25–30 cm, SL ca. 2–4 cm, G 400–1100 g; ab Stirn auf Rücken inkl. Flanken Stachelkleid aus etwa 16 000 2–3 cm langen, 1 mm dicken graubraunen Stacheln mit hellen Spitzen; Kopf, Unterseite und Beine mit hell- bis dunkelbraunen Haaren, in variablen Farbmustern vorkommend.

Verbreitung: S-, W-, M.- und Teile von N-EU.

Wissenswertes: Unterwuchsreiche Laub- und Mischwälder, Waldränder, Feldflur mit Gehölzen, vor allem auch Siedlungsraum mit Gärten, Streuobstwiesen und Parks sind der Lebensraum des E.I. Die wenig scheuen, dämmerungs- und nachtaktiven Tiere werden durch ihr Verteidigungsverhalten (Zusammenrollen zu einer Stachelkugel durch ruckartiges Zusammenziehen ihres Muskelpanzers) leicht zu Opfern des zunehmenden Straßenverkehrs. In Gärten ziehen Komposthaufen, herumstehendes Katzen- und Hundefutter oder die Massenvermehrung von Nacktschnecken die Allesfresser mit Neigung zur Insektenkost an. Sie lassen sich hauptsächlich von ihrem ausgezeichneten Geruchssinn leiten. E.I. bevorzugen für ihre Aktivitäten Temperaturen zwischen 8 und 20 °C. Da mangelnde Feuchtigkeit die Aktivitäten ihrer Beutetiere beschränkt, fallen in Trockenperioden v. a. im Mittelmeerraum E.I. in eine Sommerruhe. Nur die ♀ sind während der Fortpflanzungsperiode strikt ortstreu mit Revieren von 3–5 ha. Dagegen wechseln ♂ regelmäßig ihr Aufenthaltsgebiet. Die ♀ haben bis zu 2 Würfe pro Jahr mit 3–8 Jungen. Während der Geburt sind die Erstlingsstacheln in die angeschwollene Haut eingebettet. Als einzige Vertreter der Insektenfresser halten E.I. einen echten Winterschlaf in einem ausgepolsterten Nest unter einem Versteck. Die volkstümlichen Bezeichnungen Hunds- und Schweinsigel beschreiben nicht 2 verschiedene Arten, sondern den unterschiedlichen Ernährungszustand vor und nach dem Winterschlaf. **§!**

Maulwurf *Talpa europaea*

Merkmale: KRL 11–16 cm, SL 2–4,2 cm, G 60–130 g; von allen heimischen Säugern am perfektesten an ein Leben unter der Erde angepasst; walzenförmiger Körper, kurze, kräftige Vorder- und Hinterbeine; Vorderfüße zu „Grabeschaufeln" umgebildet; Schnauze rüsselartig verlängert, winzige Augen, Ohrmuscheln fehlen; dichtes, samtartiges Fell, dessen Haarstruktur und -wuchs verhindern, dass Erde und Wasser bis zur Haut durchdringen; fehlender Haarstrich erleichtert das Rückwärtsgehen in Gängen.

Verbreitung: Gemäßigte Breiten Eurasiens, von Großbritannien bis Sibirien.

Wissenswertes: Weil M. ihre eigenen Gangsysteme graben, in denen sie leben und mithilfe ihres ausgezeichneten Geruchs- und Tastsinns nach Nahrung (v. a. Regenwürmern, aber auch Insekten, Larven, Tausendfüßern und Schnecken) suchen, hängt ihr Vorkommen von der Bodenbeschaffenheit ab (locker, feucht). Die strikten Einzelgänger treffen sich nur zur Paarungszeit (IV–VI), wobei sich ♂ erbittert bekämpfen. M. werfen das Aushubmaterial ihrer Gänge als Maulwurfshaufen (ca. 10–20 cm groß) auf. Deren Lage zeigt den Verlauf der Gänge (meist in 5–50 cm Tiefe), die weit verzweigt und bis zu 200 m lang sein können. Unter großen Hügeln befinden sich die Sommernester, in denen die jeweils 2–9 nackten, blinden, nur etwa bohnengroßen Jungen geboren werden. Unter sehr großen Hügeln (80–100 cm) liegen die Winterburgen mit Nest und Vorratskammern. In letzteren lagern als Wintervorrat große Mengen an Regenwürmern, die vom M. durch einen Biss bewegungsunfähig gemacht wurden. M. können gut schwimmen. Sie werden u. a. von Fuchs, Dachs, Eulen, Bussard und Weißstorch gefressen. **§!**

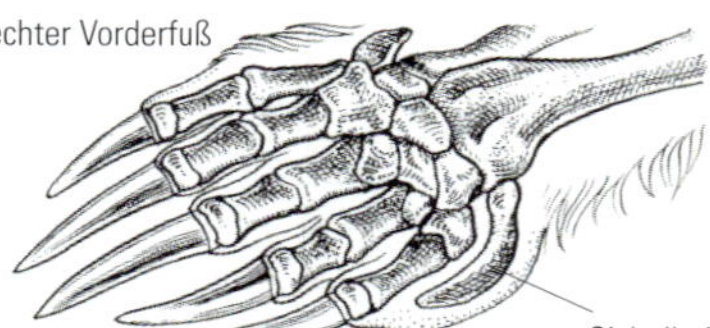

Feldhase *Lepus europaeus*

HASENARTIGE

Merkmale: KRL 48–76 cm, SL 7–12,5 cm, Ohren 9–15 cm, G 2,5–8 kg; lange Hinterbeine; Fell braun, Bauch sowie Schwanzunterseite reinweiß, Schwanzoberseite und Ohrspitzen stets schwarz.
Verbreitung: EU außer N-Skandinavien, in Irland eingebürgert; ostwärts bis Mittelasien, ferner NW-Afrika. (Wird auf der Iberischen Halbinsel durch den etwas kleineren, sonst sehr ähnlichen Andalusischen Hasen *(L. granatensis)* vertreten.)
Wissenswertes: Ursprünglich Steppenbewohner; höchste Dichten in Ackerbaugebieten mit hoher Bodenqualität und warmtrockenem Klima, kommt in M.-EU jedoch in allen Landlebensräumen bis zur alpinen Waldgrenze vor; dämmerungs- und nachtaktiv; ernährt sich von Kräutern, Gräsern, Kulturpflanzen, Knospen, Zweigen und Rinde. Der F. ist ein typisches Fluchttier, das sich regungslos in eine gescharrte Mulde („Sasse") duckt oder Haken schlagend, schwimmend und sogar kletternd flüchtet. Er lebt in Gruppen mit festen Rangordnungsbeziehungen und Gruppenrevieren. Rivalisierende ♂ liefern sich in der Paarungszeit (in M.-EU I–VIII) Boxkämpfe um die ♀. Die 1–5 Jungen (rechtes Bild) werden behaart und mit offenen Augen geboren (Nestflüchter), nur ein- oder zweimal pro Tag gesäugt und sind mit 4 Wochen schon entwöhnt. Die ♀ können kurz vor der Geburt bereits erneut befruchtet werden. **RL, §!**

Wildkaninchen *Oryctolagus cuniculus*

HASENARTIGE

Merkmale: Hasenähnlich, jedoch kleiner, Kopf rundlicher mit kürzeren, stets aufgerichteten Ohren; KRL 35–45 cm, SL 4–8 cm, Ohrlänge 6–8,2 cm, G 1–3 kg; Oberseite sandfarben bräunlich, selten auch hellgrau oder schwarz, Bauchseite grauweißlich; dichtes, wolliges Fell; Ohren immer ohne schwarze Spitzen.
Verbreitung: Ursprünglich nur in Spanien und NW-Afrika, doch schon im Altertum im übrigen EU ausgesetzt und verbreitet; heute in EU bis S-Schweden, ostwärts bis zur Weichsel.
Wissenswertes: W. bevorzugen trockenwarme Landschaften und sandige Böden. Sie graben weit verzweigte Baue und bilden Großfamilien mit strenger Rangordnung (1 erwachsenes ♂, mehrere ♀ und Junge). Bei Gefahr schlagen sie zur Warnung mit den Hinterbeinen auf den Boden (Trommeln). Die Jungen, pro Wurf meist 1–9, maximal 14, kommen nach einer Tragzeit von 28–31 Tagen nackt und blind zur Welt (Nesthocker). Mit ca. 4 Wochen sind sie bereits ausgewachsen. **§!**

Fraßspuren an Rinde

Rotfuchs *Vulpes vulpes*

HUNDE

Merkmale: Unverwechselbare Gestalt; KRL 50–90 cm, SL 30–50 cm, SH 35–45 cm, G 2,5–10 kg; dichtes, weiches Fell, oberseits gelbrot bis rotbraun, unterseits hellgrau bis weiß, Schwanzspitze oft weiß; Neugeborene schiefergrau.
Verbreitung: Fast ganz EU; große Teile N- und Zentralasiens sowie N-Amerikas.
Wissenswertes: Der vorwiegend dämmerungs- und nachtaktive R. kommt in nahezu allen Landlebensräumen bis über die Waldgrenze vor, auch in Siedlungen, sogar inmitten von Großstädten. Außerhalb der Fortpflanzungszeit gibt er sich einzelgängerisch. Zum Schlafen und zur Jungenaufzucht dient ihm ein Erdbau, den er selbst gräbt oder vom Dachs übernimmt. Sein Territorium markiert er mit Harn und Kot. Streitende Füchse keckern, in der Paarungszeit ist oft ein kreischendes Bellen zu hören. Der R. ist ein ausgesprochener Allesfresser, der sich von Kleinsäugern, Vögeln, Insekten, Regenwürmern, Aas, Obst und Beeren ernährt. Seine Hauptbeute jedoch sind Mäuse. Wegen seiner Häufigkeit, seiner weiten Verbreitung und seiner Anpassungsfähigkeit (Leben in Siedlungen) ist der R. der bedeutendste Tollwutüberträger. In vielen Ländern (auch in D) ist der R. Träger des Fuchsbandwurms, dessen Entwicklungsstadien beim Menschen zu schwerer Erkrankung und sogar zum Tod führen können. **§!**

Eichhörnchen *Sciurus vulgaris*

HÖRNCHEN

Merkmale: Langer, buschiger Schwanz; KRL 20–25 cm, SL 15–20 cm, G 200–480 g; Fellfärbung sehr variabel, von hellrot bis fast schwarz; im Winter an den Ohrspitzen auffällige Haarbüschel, die im Sommer nur angedeutet sind; Winterfell hell- bis dunkelgraubraun.
Verbreitung: Waldregion Eurasiens von England über ganz EU und Asien bis Japan und Sachalin.
Wissenswertes: Außerhalb der Paarungszeit leben E. einzeln. Zur Paarungszeit (XII–VI/VII) veranstalten die ♂ wilde Hetzjagden hinter den ♀ her. E. bauen in den Baumkronen kugelförmige Reisignester (Kobel). Sie halten keinen Winterschlaf. Im Herbst sammeln sie Vorräte, die sie vergraben, in Baumhöhlen verstecken oder in Rindenritzen und Astgabeln festklemmen. Nüsse oder Eicheln legen sie bevorzugt an Baumwurzeln und -stämmen ab. Dabei merken sie sich ihre Verstecke nicht, sondern finden sie im Winter durch Absuchen des Geländes mithilfe ihres ausgezeichneten Geruchssinns wieder. **§!**

Großes Mausohr *Myotis myotis*

GLATTNASEN

Merkmale: Größte in D heimische Fledermausart; KRL 6,7–7,9 cm, SL 4,5–6 cm, UL 5,4–6,7 cm, FS 35–43 cm, G 28–40 g; kurze Ohren; dichtes, kurzes Fell, Oberseite hell graubraun, Unterseite weißgrau; Schnauze, Ohren und Flughäute braungrau; Jungtiere rauchgrau.
Verbreitung: M.- und S-EU.
Wissenswertes: Wärme liebende Fledermaus, die klimatisch begünstigte Täler, offenes Wald- und Weideland und Gebiete mit traditioneller Landwirtschaft bevorzugt; Sommerquartiere (Wochenstuben) auf Dachböden und Kirchtürmen, auch unter Brücken, im S in Höhlen, Kolonien aus bis zu 2000 ♀; ♂ im Sommer meist einzeln lebend, auf Dachböden, in Baumhöhlen oder Nistkästen; nach einer Tragzeit von 50–70 Tagen (abhängig von Umgebungstemperatur und Ernährung) meist 1 Junges. Wenn die Mütter zum Jagen ausfliegen, bleiben die Jungen wie bei allen Insekten fressenden Arten im Quartier zurück. Die Winterquartiere (in Höhlen) liegen bis über 100 km entfernt. **RL, §!**

Bisamratte *Ondatra zibethicus*

WÜHLMÄUSE

Merkmale: Kaninchengroße, an das Wasserleben angepasste Wühlmaus; KRL 25–35 cm, SL 20–25 cm, G 600–1800 g; schuppiger Schwanz mit einzelnen Haaren, seitlich zusammengedrückt; kleine Ohrmuscheln, durch einen Ohrdeckel (Tragus) wasserdicht verschließbar; kleine Augen; Hinterfüße viel größer als die Vorderfüße, durch seitliche Schwimmborsten und Schwimmhäute am Zehengrund als Ruder dienend.
Verbreitung: Ursprünglich N-Amerika; 1905 bei Prag ausgesetzt, von dort und gestützt durch andere Aussetzungen über ganz M.-EU verbreitet.
Wissenswertes: Die ganzjährig aktiven Tiere besiedeln heute fast alle Gewässer. In grabfähigen Ufern legen B. Erdbaue, beim Fehlen grabfähiger Ufer sowie im Winter im Flachwasser Kegelburgen an, für die sie ausschließlich krautige Pflanzenteile der Umgebung verwenden. B. fressen Pflanzenteile, v.a. Wasserpflanzen, Schilf, aber auch Landpflanzen (Gemüse, Mais, Obst), im Winter zusätzlich Muscheln und Wasserschnecken.

Abendsegler *Nyctalus noctula*

GLATTNASEN

Merkmale: Große Art; KRL 6–8,2 cm, SL 4–6 cm, UL 4,8–5,8 cm, FS 32–40 cm, G 19–40 g; kurze, rundliche Ohren und – wie bei allen *Nyctalus*-Arten – kurzer, pilzförmiger Ohrdeckel (Tragus); kurzes, eng anliegendes Fell, einfarbige Haare; Oberseite im Sommer rotbraun, nach dem Haarwechsel (VIII/IX) oberseits matt fahlbraun; Schnauze, Ohren und Flughäute schwarzbraun; Jungtiere insgesamt dunkler; Flügel lang und schmal.
Verbreitung: Ganz EU außer Irland, Schottland, N-Skandinavien; erreicht im N den 60. Breitengrad.
Wissenswertes: Vorzugsweise im Tiefland in Laub- und Mischwäldern und Parks mit Altholzbeständen, oft in oder in der Nähe von Siedlungen; Sommerquartiere (Wochenstuben) meist in alten Baumhöhlen; Winterquartiere in hohlen, dickwandigen Bäumen, tiefen Felsspalten, Mauern; wandernde Art, z.T. auch tagziehend. A. jagen in geradlinigem, schnellem Flug mit Wendungen und Sturzflügen (mit Mauerseglern (⇨ S. 64) zu verwechseln!) größere Fluginsekten. **RL, §!**

Feldmaus *Microtus arvalis*

WÜHLMÄUSE

Merkmale: KRL in M.-EU 9–12 cm, SL 2,5–4,5 cm, G 20–40 g; Oberseite gelbgrau, Unterseite heller; kurzer Schwanz.
Verbreitung: EU, Mittelasien bis Mandschurei.
Wissenswertes: Besiedelt Gras- und Kulturland; tag- und nachtaktiv; legt unterirdische Baue mit Wurfhöhlen, Vorratskammern und mehreren Gängen an und nagt oberirdisch Laufgänge in die Vegetation; frisst grüne Teile von Gräsern und Kräutern, Samen, unterirdische Pflanzenteile und wirbellose Tiere; kann Vorräte anlegen; Fortpflanzung ganzjährig möglich; 3–6 Würfe im Jahr mit je 2–12 Jungen, die mit 14 Tagen schon wieder fortpflanzungsfähig sind. Die F.-Dichte beträgt für gewöhnlich 25–500 Tiere pro ha, kann aber auch bis über 1000 Tiere ansteigen. Alle 2–4 Jahre kommt es zu Massenvermehrungen mit darauf folgenden Zusammenbrüchen der Population. Sie beeinflussen stark den Fortpflanzungserfolg der auf Wühlmäuse spezialisierten Beutegreifer wie Mauswiesel, Mäusebussard und Schleiereule.

Wanderratte *Rattus norvegicus*

ECHTE MÄUSE

Merkmale: Größer und gedrungener als die Hausratte; KRL 20–28 cm, SL 17–23 cm, G 270–580 g; im Vergleich zur Hausratte stumpfere Schnauze, kleinere Ohren, dickerer Schwanz, kürzer als der Körper; Fell rauer, weniger glänzend; besonders lange Grannenhaare am Rücken.
Verbreitung: Ursprünglich O-Asien; durch den Menschen heute weltweit verbreitet.
Wissenswertes: Obwohl W. selbstständig in der Natur vorkommen können, leben sie hauptsächlich in Nähe des Menschen. In Städten bewohnen sie Abwasserkanäle und die unteren Teile von Gebäuden, kommen aber auch in der Feldflur und an Gewässern vor. Die Nahrung der dämmerungs- und nachtaktiven Tiere, die gut schwimmen, tauchen und klettern können, ist sehr variabel: Nahrungsmittel und Abfälle, pflanzliche und tierische Kost jeder Art, ebenso Aas. Die geselligen Tiere leben in Familienverbänden mit bis zu 200 Mitgliedern und hierarchischer Rangordnung. Ihr Sozialleben ist sehr ausgeprägt.

Waldspitzmaus *Sorex araneus*

SPITZMÄUSE

Merkmale: Mittelgroße Spitzmaus; KRL 6,6–8,8 cm, SL 3–5,7 cm, G 7–13 g; weiches, glänzendes Fell, Oberseite dunkelbraun, Flanken heller, Bauch weißlich grau.
Verbreitung: In M.-EU häufigste Spitzmaus, fehlt auf Irland und Island, in großen Teilen der Iberischen Halbinsel und auf den Mittelmeerinseln.
Wissenswertes: Die sehr anpassungsfähigen Tiere kommen in Wäldern, Sümpfen, Verlandungszonen, dichtem Gras, Hecken, Feldern, Siedlungsgebieten und Gebirgen (bis in 2000 m Höhe) vor. W. leben einzelgängerisch, sind tag- und nachtaktiv und bewohnen bevorzugt verlassene Wühlmaus- und Maulwurfsgänge. Ihr hoher täglicher Nahrungsbedarf während der bis zu 15 Aktivitätsperioden entspricht etwa 2000 Käfern von 5 mm Länge! Typisch für Spitzmäuse ist ihr moschusartiger Geruch. Die sehr stimmfreudigen Tiere geben häufig zwitschernde und quietschende Laute von sich, die auch im Ultraschallbereich liegen können. **§!**

Feldspitzmaus *Crocidura leucodon*

SPITZMÄUSE

Merkmale: Mittelgroße Spitzmaus; KRL 6,4–8,7 cm, SL 2,8–4,1 cm, G 6–13 g; im Allgemeinen von anderen Arten der Gattung *Crocidura* durch ihr zweifarbiges Fell unterscheidbar: Oberseite dunkel graubraun bis schiefergrau, Unterseite weißlich grau, von der Oberseite scharf abgesetzt; Schwanz etwas kürzer als bei der Hausspitzmaus, zweifarbig mit einzeln stehenden, langen Wimperhaaren, oberseits wie der Rücken gefärbt, unterseits weißlich; Ohrmuscheln deutlich aus dem Fell ragend.
Verbreitung: Von Frankreich ostwärts bis Vorderer Orient, nördliche Verbreitungsgrenze in M.-EU.
Wissenswertes: Die F. besiedelt trockene, sonnige Biotope, auch in Ortslagen, und kommt im Winter auch in Gebäude. Die Paarungszeit reicht von III–IX. Wie bei anderen Wimperspitzmäusen flüchten die Jungen bei Beunruhigung im Schlepptau der Mutter, indem sie sich jeweils an der Schwanzwurzel des vor ihnen laufenden Tieres festbeißen („Spitzmauskarawane"). **§!**

Wildschwein *Sus scrofa*

SCHWEINE

Merkmale: KRL 110–180 cm, SL 15–25 cm, SH 60–115 cm, G 50–350 kg; schwarz- bis graubraunes, borstiges Fell; ♂ (Keiler) mit kräftigen, äußerlich sichtbaren Eckzähnen im Unterkiefer.
Verbreitung: Eurasien bis Indien, Japan, N-Afrika (in 18 Unterarten).
Wissenswertes: W. besiedeln Laub- und Mischwälder und andere deckungsreiche Landschaften; zur Nahrungsaufnahme ziehen die tag- und nachtaktiven Allesfresser auch auf Felder. ♀ (Bachen) und Jungtiere (Frischlinge bzw. Überläufer) leben in Familienverbänden (Rotten) mit bis zu 50 Tieren unter Führung des ältesten ♀. Das ♀ baut zur Geburt ein großes Nest. Männliche Tiere werden ab 1 1/2 Jahren nicht mehr geduldet und leben dann als Einzelgänger. Ursachen für die starke Vermehrung der W. sind großflächiger Maisanbau und mehrere Eichen- und Buchenmastjahre in Folge (hochwertige Nahrung), schneearme Winter und nachlässige Bejagung. W. leben heute in unmittelbarer Stadtnähe und nutzen Müll und Abfälle. **§!**

Damhirsch *Dama dama*

HIRSCHE

Merkmale: Kleiner als ein Rothirsch; KRL 130–230 cm, SL 15–20 cm, SH 85–110 cm, G 45–150 kg; ♂ größer und schwerer als ♀; ♂ mit Schaufelgeweih (ab 2. Jahr); Geweihabwurf IV/V; Sommerfell rotbraun mit weißen Flecken, Winterfell dunkler, schwächer gefleckt; Schwanz oberseits mit dunklem Mittelstreifen, unterseits weiß; weiße, oben schwarz gerandete Analregion; grauschwarze, weiße und gelbbraune Farbvarianten.
Verbreitung: Einst in Mittelmeerländern und Vorderasien, in EU schon im Altertum ausgerottet, ursprüngl. Bestände nur noch im S Kleinasiens; seit dem Mittelalter in EU wieder eingebürgert, heute frei lebende Bestände in vielen Ländern.
Wissenswertes: Die vorwiegend dämmerungs- und tagaktiven D. bevorzugen Mischwälder der Ebenen und Mittelgebirge. Im Winter leben ♂ und ♀ in großen Rudeln zusammen, im Frühjahr trennen sie sich. Während der Brunft (X–XI) kämpfen die ♂ um ♀-Rudel und schlagen mit dem Geweih an bestimmten Plätzen Erdgruben. **§!**

Rothirsch *Cervus elaphus*

HIRSCHE

Merkmale: Größte Art der Gattung mit vielen Unterarten; KRL 165–250 cm, SL 12–15 cm, SH 120–150 cm, G 100–220 kg (♂), 70–150 kg (♀); ♂ mit starkem Stangengeweih, ♀ geweihlos; Fell im Sommer rötlich bis zimtbraun, im Winter graubraun; ♂ im Herbst/Winter mit Halsmähne; Jungtiere mit Längsreihen heller Flecken.
Verbreitung: Viele Einzelpopulationen in EU (außer Island und gr. Teilen Skandinaviens); Unterarten in Asien (Maral), N-Amerika (Wapiti), N-Afrika.
Wissenswertes: R. leben in Wäldern mit Freiflächen, im Sommer bis zur Mattenregion, auch in waldlosem Heide-Hochland. Die tag- und nachtaktiven Pflanzenfresser wechseln täglich zwischen Deckungs- und Äsungsflächen, saisonal zwischen Sommer- und Wintereinständen. ♀ bilden mit den Jungtieren Rudel, ♂ schließen sich im Sommer oft zu Gruppen zusammen, im IX wandern sie einzeln zu den Brunftplätzen. Ältere ♂ erobern einen Harem und verteidigen diesen mit dröhnendem Brunftgeschrei (Röhren) gegen Rivalen.

Reh *Capreolus capreolus*

HIRSCHE

Merkmale: Kleinste in EU heimische Hirschart; KRL 95–135 cm, SL 1–2 cm, SH 60–90 cm, G 15–35 kg; ♂ mit bis ca. 30 cm langem Geweih mit meist 6 Enden; Sommerfell rotbraun, Winterfell graubraun mit weißer Analregion („Spiegel").
Verbreitung: EU mit Ausnahme von Island, Irland, dem hohen N und einigen Mittelmeergebieten.
Wissenswertes: Wenngleich typische Waldrandbewohner, sind R. doch in fast allen Landlebensräumen bis zur Waldgrenze anzutreffen. Sie leben einzeln (Böcke) oder in kleinen Familiengruppen, in großflächigen Agrarlandschaften im Winter auch in großen Rudeln. ♂ besetzen im Frühjahr ein Territorium, markieren es mit dem Sekret einer Stirndrüse sowie durch Scharren am Boden (dem sog. „Plätzen") und Blankschaben von Zweigen und Stämmchen („Fegen") und vertreiben jeden anderen Bock. In der Brunft treibt der Bock die Ricke (♀) längere Zeit. R. benötigen Kräuter und Knospen und tragen durch Verbiss von Laubbäumen und Tannen zur Verfichtung des Walds bei. **§!**

Graureiher, Fischreiher *Ardea cinerea*

REIHER

Merkmale: 85–100 cm; Spannweite 155–175 cm; fliegt stets mit s-förmig eingezogenem Hals.
Verbreitung: Brutvogel in fast ganz EU sowie in Asien; Teilzieher; nördl. und östl. Vögel ziehen im Herbst in den Mittelmeerraum und nach Afrika; in M.-EU ganzjährig zu beobachten.
Brut: G. brüten in M.-EU in z.T. recht großen Kolonien auf Bäumen, meist in Waldrandnähe und oft nahe am Wasser, selten auch im Schilf. Aus groben Ästen und Reisig errichten ♂ und ♀ ab II/III ein sperriges Nest im Wipfelbereich eines Nadel- oder Laubbaums. Das ♀ legt 3–5 Eier, die von beiden Partnern 25–28 Tage bebrütet werden. Beide Altvögel jagen das Futter (v. a. Weißfische) für die Jungen und erbrechen es im Nest. Die Jungvögel sind im Alter von 6–7 Wochen flugfähig.
Nahrung: Jagende G. sieht man bewegungslos am Gewässerrand auf Beute lauern oder durch seichtes Wasser schreiten, wo sie u.a. Fische, Amphibien und Insekten erbeuten. Auch Kleinsäuger stehen auf ihrem Speisezettel.

Kormoran *Phalacrocorax carbo*

KORMORANE

Merkmale: 75–100 cm; Spannweite 120–150 (160) cm; im Prachtkleid mit weißem Schenkelfleck und weißen Federn an Kopf und Hals; Vögel mit weißem Bauch sind Jungvögel.
Verbreitung und Lebensraum: Brütet auf Felsklippen an den Küsten von W-EU und N-EU, ferner von den Niederlanden bis ins Baltikum sowie in SO-EU an Binnenseen auf Bäumen; v. a. im südlichen M.-EU auch auf dem Durchzug und im Winter.
Brut: K. brüten in Kolonien, die Tausende von Paaren umfassen können. Für den Nestbau brechen ♂ und ♀ Äste und Zweige von Bäumen. Das ♀ legt 3–4 Eier, die von beiden Partnern 23–30 Tage bebrütet werden. Das Futter für die Jungen wird von den Eltern im Kropf transportiert und am Nest halb verdaut wieder hochgewürgt. Die Jungen sind im Alter von 12–13 Wochen selbstständig.
Wissenswertes: Seine Nahrung, v.a. Fische, erbeutet der K. tauchend. Da sein Gefieder nicht Wasser abweisend ist, muss er es anschließend mit ausgestreckten Flügeln trocknen. **§!**

Weißstorch *Ciconia ciconia*

STÖRCHE

Merkmale: Unverwechselbar; 95–110 cm groß; Spannweite etwa 180–220 cm.
Verbreitung und Lebensraum: Brutvogel der offenen Kulturlandschaft und feuchter Wiesen, v. a. in den Niederungen und Flusstälern, in EU hauptsächlich auf der Iberischen Halbinsel und im östl. M.-EU; überwintert in Afrika südl. der Sahara.
Brut: Als Kulturfolger brütet der W. heute vielfach nicht mehr auf Bäumen, sondern auf Gebäuden. Das Nest bauen ♂ und ♀ nach der Ankunft am Brutplatz (im III/IV) aus Ästen und Reisig, meist auf eine künstliche Nestunterlage. Das ♀ legt 3–5 Eier, die von beiden Partnern 33–34 Tage abwechselnd bebrütet werden. Die Jungen sind im Alter von rund 2 Monaten flugfähig.
Zug: W. verlassen ihr Brutgebiet im VIII/IX. Als Segelflieger nutzen sie warme Aufwinde über dem Land. Mitteleurop. und iberische Brutvögel wandern über die Meerenge von Gibraltar nach W-Afrika, Vögel aus dem NO von D und aus O-EU über den Bosporus und Israel nach O- und S-Afrika. **RL, §!**

Brandgans *Tadorna tadorna*

ENTENVÖGEL

Merkmale: 55–65 cm; ♀ ohne Schnabelhöcker.
Lebensraum und Verbreitung: Brutvogel der Küsten von NW-EU, an Nord- und Ostsee und im westl. Mittelmeergebiet; ferner in SO-EU und in Asien; brütet an sandigen Flachküsten, Flussmündungen und in Dünen, zunehmend im Binnenland.
Brut: Wegen ihres auffälligen Gefieders brütet die B. nur dort im Freien, wo sie vor Landräubern sicher ist, z. B. auf Halligen. Meist dient eine Höhle als Nistplatz, sehr häufig ein Kaninchenbau. Die Gans legt 8–10 Eier und brütet allein, während der Ganter die Höhle bewacht. Wenn die Jungen nach 29–31 Tagen schlüpfen, werden sie sofort zum Wasser geführt. Auf dem Weg dorthin kann es zu Verlusten kommen, wenn Silbermöwen oder Krähen die Familien angreifen. Im Aufzuchtgebiet bilden sich oft „Kindergärten", wobei ein Altvogel bis zu 50 oder gar 100 Küken führt.
Mauser: Nach der Brutzeit zieht fast die gesamte europ. Population zum Knechtsand in der Deutschen Bucht, wo bis zu 200 000 B. von VII–IX mausern.

Prachtkleid

♂

Haubentaucher *Podiceps cristatus*

LAPPENTAUCHER

Merkmale: 45–50 cm; im Prachtkleid unverwechselbar; Jungvögel mit gestreiften Wangen.
Verbreitung und Lebensraum: In M.-EU verbreiteter Brutvogel vorwiegend an größeren Seen mit gut ausgeprägter Ufervegetation; Winterquartier von N-EU bis N-Afrika und Vorderasien.
Balz: Bei der Balz (ab II/III) schwimmen die Partner aufeinander zu und schütteln mit abstehendem Halskragen die Köpfe. Beim sog. „Pinguin-Tanz" präsentiert das ♂ oder ♀ dem Partner Wasserpflanzen im Schnabel. Dann richten sich beide Vögel soweit auf, dass ihre Körper fast gänzlich aus dem Wasser ragen.
Brut: Das schwimmende Nest wird in der Ufervegetation aus Wasserpflanzen gebaut. ♂ und ♀ brüten abwechselnd. Nach 27–29 Tagen schlüpfen die Jungen, die anfangs von den Eltern im Rückengefieder getragen werden. Zunächst werden sie mit Insekten, später mit Fischen gefüttert. Im Alter von 10–11 Wochen sind sie selbstständig.

Höckerschwan *Cygnus olor*

ENTENVÖGEL

Merkmale: 140–160 cm groß, Spannweite 200–260 cm, Gewicht bis zu 22,5 kg; im Flug ein pfeifendes oder wummerndes Schwingengeräusch.
Verbreitung und Lebensraum: In EU ursprünglich nur im NO verbreitet; in M.-EU als Parkvogel ausgesetzt und inzwischen an Gewässern aller Art brütend; in M.- und W-EU Stand- und Strichvogel.
Nahrung: H. ernähren sich überwiegend von Wasserpflanzen, die sie schnatternd von der Wasseroberfläche, durch Eintauchen des Halses ins Wasser oder gründelnd aufnehmen.
Brut: Meist brüten H. erst ab einem Alter von 3–4 Jahren, die Brutpartner bleiben oft ihr Leben lang beisammen. Das Nest aus Reisig, Schilfhalmen, Plastik u. ä. befindet sich am Ufer in dichter Vegetation oder völlig frei. Im IV/V legt das ♀ 5–8 (11) Eier, die es alleine bebrütet, während das ♂ sich in Nestnähe aufhält und etwaige Rivalen aus dem Revier vertreibt. Beide Eltern führen die Jungen, die nach 4–5 Monaten selbstständig sind.

Stockente *Anas platyrhynchos*

ENTENVÖGEL

Merkmale: 50–60 cm; ♂ im Prachtkleid unverwechselbar; ♀ unscheinbar braun, dunkel geschuppt, Schnabel orange mit dunkler Zeichnung; ♂ im Schlichtkleid ähnlich dem ♀; ♂ balzt mit kurzen, hellen Pfiffen; ♀ ruft laut quakend. Die S. ist die Stammform unserer Hausente.
Verbreitung und Lebensraum: Brutvogel Eurasiens und N-Amerikas; in M.-EU weit verbreitet, die häufigste Ente von der Küste bis ins Gebirge, selbst in Großstädten; brütet an Gewässern aller Art, häufig zahm auf Parkteichen; im Winter Zuzug aus N und O-EU.
Brut: Nestbau und Bebrütung sind Sache des ♀, nach dem Schlüpfen der bis zu 11 Jungen (nach 27–28 Tagen) zieht sich das ♂ an einen Mauserplatz zurück. Die Jungen werden vom ♀ großgezogen, bis sie nach 50–60 Tagen flügge sind.
Nahrung: S. ernähren sich pflanzlich (Wasserpflanzen, Bucheckern, Kräuter) und tierisch (Mückenlarven, Krebstiere, Käfer), sie tauchen nur selten.

Reiherente *Aythya fuligula*

ENTENVÖGEL

Merkmale: 40–47 cm; ♂ im Prachtkleid durch Federschopf am Hinterkopf unverkennbar, im Schlichtkleid braunschwarz mit bräunlichen Flanken; ♀ recht einheitlich dunkelbraun mit helleren Flanken, Schopf kurz.
Verbreitung und Lebensraum: Brutvogel im nördl. Eurasien bis an den Pazifik; breitet sich seit 19. Jh. von O-EU über M.-EU nach W aus; in M.-EU mittlerweile recht häufig an Gewässern aller Art bis ins Bergland (über 1800 m Höhe), auch in Städten; sehr zahlreicher Durchzügler und Wintergast an der Küste und auf größeren Binnenseen.
Wissenswertes: Im Brutgebiet treffen R. im IV(V) verpaart ein. Das ♀ legt 6–11 Eier und bebrütet sie 23–28 Tage. Außer den eigenen Jungen führt es nicht selten auch diejenigen fremder ♀. In den Winterquartieren im Alpenvorland ist die R. Hauptvertilger der Dreikantmuschel, die in den 1960er-Jahren in die Voralpenseen eingeschleppt wurde. Sie taucht häufig und relativ tief.

im Schlichtkleid,
trinkend

Prachtkleid

Balz

♀
♂

♂
♀

Rotmilan *Milvus milvus*

HABICHTARTIGE

Merkmale: Deutlich größer und langflügeliger als der Mäusebussard; charakteristischer langer, tief gegabelter, rostroter Schwanz, der im Flug fast ständig gedreht wird; segelt auf geraden oder schwach gebogenen Flügeln.

Verbreitung: Anders als beim Schwarzmilan nur kleines Verbreitungsgebiet, das im Wesentlichen W- und M.-EU umfasst, dazu inselartige Vorkommen bis O-Anatolien und zum Schwarzen Meer.

Brut: R. brüten vor allem in lichten Laubwäldern. Beim Besetzen des Reviers im Frühjahr zeigt das Paar Sturzflüge über dem Horstplatz. Typischerweise kleiden R. ihr Nest mit alten Lumpen und anderem Abfall aus. Die meist 2–3 Eier bebrütet das ♀ allein, das vom ♂ mit Nahrung versorgt wird.

Wissenswertes: Das Jagdgebiet des R. umfasst offene Ackerflächen, Straßenränder und Müllkippen. Seine Nahrung enthält vor allem Kleinsäuger. Als Kurzstreckenzieher fliegen die europäischen R. im Herbst ins Mittelmeergebiet. Manche überwintern auch in M.-EU.

Habicht *Accipiter gentilis*

HABICHTARTIGE

Merkmale: Mittelgroßer, kräftiger Greifvogel mit bemerkenswertem Größenunterschied zwischen den Geschlechtern: ♀ mit einer Flügelspannweite bis zu 125 cm fast mäusebussardgroß, ♂ kaum größer als ein Sperber-♀ (Spannweite höchstens 105 cm); Alttiere unterseits grau gebändert, Jungvögel braun gefleckt („Rot-H."). Die relativ kurzen, breiten Flügel und der lange Schwanz machen den H. zu einem überaus wendigen Flieger.

Verbreitung: In der Nadelwaldzone der gesamten Nordhalbkugel der Erde. In M.-EU sind H. im Wesentlichen Standvögel.

Nahrung: Die größeren ♀ schlagen meist auch größere Beute (bis Hühner- und Hasengröße) als die ♂. Ganz oben auf dem Speiseplan stehen Tauben, Rabenvögel und drosselgroße Singvögel.

Wissenswertes: H. benötigen vielgestaltige, deckungsreiche Landschaften. Ihre Horste liegen bevorzugt in Hochwäldern mit alten Baumbeständen. Kein anderer Greifvogel wurde und wird bei uns so verfolgt wie der „Hühnerhabicht".

Schwarzmilan *Milvus migrans*

HABICHTARTIGE

Merkmale: Mittelgroßer Greifvogel mit schmalem, nur leicht gegabeltem Schwanz; vom Rotmilan außer durch den kürzeren, niemals rostfarbenen Schwanz auch am dunkleren Gefieder und den proportional kürzeren Flügeln unterscheidbar.

Verbreitung: In 6 Unterarten über die gemäßigten, subtropischen und tropischen Regionen Eurasiens und Afrikas verbreitet, außerdem in SO-Asien, Neuguinea und Australien. Damit hat der S. das größte Verbreitungsgebiet aller Greifvögel.

Nahrung: S. sind Jäger und Aasfresser. Oft lesen sie kranke und tote Fische von der Wasserfläche oder vom Ufer auf. Kleinsäuger und Kleinvögel erbeuten sie häufig selbst, jagen sie aber auch nicht selten anderen Greifvögeln ab.

Wissenswertes: Neben den Rotmilanen gehören S. zu den geselligsten Greifvögeln. Sie bilden oft große Nahrungs- oder Schlafgesellschaften und brüten bei guten Bedingungen kolonieweise (in M.-EU in den Rheinauen). Größere Ansammlungen finden sich insbesondere an Mülldeponien.

Mäusebussard *Buteo buteo*

HABICHTARTIGE

Merkmale: Spannweite bis 135 cm; breitflügelig und relativ kurzschwänzig; Färbung sehr variabel, von fast einfarbig dunkelbraun bis zu weißlich.

Verbreitung: Der M. ist der am weitesten verbreitete und häufigste mittelgroße Greifvogel unserer Region; in etwa 10 Unterarten in den gemäßigten und kalten Breiten ganz Eurasiens vertreten.

Wissenswertes: M. jagen im offenen Kulturland und benötigen zum Brüten Wälder oder größere Gehölze. Die Horste werden hoch in Bäumen angelegt und oft über Jahre hinweg genutzt, wodurch mächtige, halbmeterhohe „Horstburgen" entstehen. Im Frühjahr kreisen die Paare mit weithin hörbaren, miauenden Rufen über ihrem Revier und vertreiben so Artgenossen. Die Partner halten mehrjährig oder sogar lebenslang zusammen. Gelegegröße und Bruterfolg der M. hängen stark von der Zahl der Feldmäuse, ihrer Hauptbeutetiere, ab. Vor allem im Winter sieht man M. oft in Straßennähe, wo sie nach überfahrenen Tieren und nach Mäusen Ausschau halten.

Sperber *Accipiter nisus*

HABICHTARTIGE

Merkmale: Das ♂ mit einer Spannweite bis zu 65 cm kleiner als ein Turmfalke, das ♀ mit einer Spannweite bis 80 cm etwas größer als dieser; im Flugbild kurze, gerundete Flügel und langer Schwanz, der auf den mittleren Steuerfedern 4–5 dunkle Bänder trägt. Charakteristisch sind taubenartig kurze Flügelschläge und eine wellenförmige Flugbahn.

Verbreitung: In 6 Unterarten von W-EU und N-Afrika ostwärts bis zum Pazifik; in EU Schwerpunkte der Verbreitung im N sowie in Russland.

Wissenswertes: S. brauchen abwechslungsreiche Landschaften mit ausreichendem Kleinvogelbestand. Etwa 90 % ihrer Nahrung bestehen nämlich aus Vögeln bis Drosselgröße. S. verfolgen ihre Beute aus einer Deckung heraus über kurze Strecken mit hoher Geschwindigkeit. Sie nisten bevorzugt in Nadelbaumbeständen, vor allem auf Fichten. Jedes Jahr wird ein neues Nest gebaut. Das Gelege enthält etwa 5–7 Eier, die vom ♀ allein bebrütet werden.

Rebhuhn *Perdix perdix*

GLATTFUSSHÜHNER

Merkmale: Höchstens halb so groß wie ein Haushuhn, kompakt, rundlich; im Unterschied zu anderen Glattfußhühnern gestrichelte, nie zeichnungslose Oberseite, Gesicht orange, Flanken weniger auffällig gebändert; hellgrauer Vorderkörper, dunkelbrauner Bauchfleck (fehlt bei ♀ manchmal).

Verbreitung: Von W-EU bis Zentralsibirien mit Lücken in S- und N-EU. Ursprünglich Steppen- und Waldsteppenbewohner, besiedelt in M.-EU als Kulturfolger offene Ackerflächen, Weideflächen und Heiden in klimatisch milden Lagen; nur im Tiefland (bis 600 m).

Wissenswertes: Als Standvögel sind R. ganzjährig auf ein ausreichendes Nahrungsangebot angewiesen. In kalten, schneereichen Wintern und feuchten Frühjahren/-sommern können sie hohe Verluste erleiden. Ihr Lebensraum im Kulturland muss aus einem Mosaik offener Flächen mit Ackerrainen, Hecken und abwechselnden Fruchtfolgen bestehen. Die moderne Landwirtschaft ist Hauptursache für die Bestandsverluste des R. **RL**

Turmfalke *Falco tinnunculus*

FALKEN

Merkmale: Langflügeliger und langschwänziger Falke, Spannweite rund 75 cm; häufig rüttelnd; erwachsenes ♂ mit blaugrauem Bürzel und Oberschwanz, dunkler Schwanzendbinde und grauem Kopf, Oberseite rotbraun, schwarz gepunktet; beim ♀ Oberseite weniger rötlich, Kopf gestrichelt, Bürzel und Oberschwanz gebändert.

Verbreitung: Häufigster und am weitesten verbreiteter Falke: kommt in nahezu ganz EU bis O-Asien und Afrika südlich der Sahara vor. In M.-EU in allen Regionen vom Tiefland bis in die Hochalpen.

Lebensraum: T. brüten im Kulturland sowie in Dünen- und Steppengebieten. Nistplätze finden sich in Felswänden mit Nischen und Höhlen, auf Simsen oder in Mauerlöchern höherer Gebäude, sowie auf Bäumen, vor allem in alten Greifvogel-, Elstern- oder Rabenkrähennestern.

Nahrung: Typische Jagdgebiete sind freie Flächen mit niedrigem Bewuchs für die Bodenjagd auf Kleinsäuger. Bei manchen T. in der Stadt machen Kleinvögel die Hauptnahrungsmenge aus.

Fasan *Phasianus colchicus*

GLATTFUSSHÜHNER

Merkmale: Etwa hühnergroß, langschwänzig, hochbeiniger als Rebhuhn; ♂ deutlich größer als ♀, überlanger Schwanz, buntes Prachtkleid, am Kopf leuchtend rote Hautlappen; ♀ braun, hell-dunkel gemustert; Jungvögel wie ♀, nur kurzschwänzig.

Verbreitung: Ursprünglich in den Trockengebieten Asiens, von Kleinasien bis Japan, in vielen Unterarten und Rassen; schon seit der Römerzeit in W- und M.-EU immer wieder eingebürgert.

Wissenswertes: In Kulturlandschaften mit offenen Flächen zur Nahrungssuche (Sämereien, Früchte, Pflanzenteile, Regenwürmer, Schnecken, Insekten) und Balz sowie Bäumen und Büschen als Schlafplätze. Im Frühjahr grenzen die ♂ durch lauten, durchdringenden Gesang („göö-gock", „gogock"), gefolgt von lautem Flügelklatschen, ihre Reviere gegeneinander ab.

Blesshuhn, Blessralle *Fulica atra*

RALLEN

Merkmale: 36–42 cm; Gefieder rußschwarz, Stirnschild und Schnabel weiß; häufigste Rufe „köck" (♀) und ein stimmloses „tp" oder „pix" (♂); schwimmt mit leicht nickendem Kopf.

Verbreitung und Lebensraum: Brutvogel in Eurasien, N-Afrika, Australien und Neuguinea; in M.-EU weit verbreitet und häufig an stehenden und langsam fließenden Gewässern mit gut ausgeprägter Ufervegetation; Stand- und Strichvogel, vor allem nordöstliche Populationen ziehen im Herbst südwestwärts.

Brut: Das Nest wird von ♂ und ♀ gemeinsam aus Pflanzenmaterial gebaut und meist als Schwimmnest in dichter Ufervegetation verankert. Das ♀ legt 5–10 Eier, die von beiden Partnern bebrütet werden. Ein Teil der Küken wird vom ♀, der andere vom ♂ geführt und 4–5 Wochen gefüttert.

Nahrung: B. können auf Veränderungen im Nahrungsangebot flexibel reagieren. Im Sommer ernähren sie sich v. a. pflanzlich, im Herbst/Winter spielen Muscheln gebietsweise eine große Rolle.

Säbelschnäbler *Recurvirostra avosetta*

STELZENLÄUFER

Merkmale: 42–46 cm; unverkennbar durch den dünnen, aufwärts gebogenen Schnabel, das schwarz-weiße Gefieder und die langen, graublauen Beine, die im Flug den Schwanz weit überragen; Ruf laut und flötend „kliep" oder „klu-it".

Verbreitung: In zahlreichen Verbreitungsinseln an den Küsten von N-, M.-, W- und S-EU brütend; ferner in Steppen und Halbwüsten vom südöstl. M.-EU bis Zentralasien sowie lokal in O- und S-Afrika; europ. Brutvögel überwintern an den Küsten des Atlantiks und des Mittelmeers sowie in Afrika.

Lebensraum: S. brüten in Kolonien an seichten, vegetationsarmen, salzhaltigen Gewässern in offener Landschaft, auch an Steppenseen im Binnenland.

Nahrung: Mit mähenden Bewegungen führen S. den leicht geöffneten Schnabel durch schlammigen Boden und ergreifen dabei Zuckmückenlarven, Würmer und andere Wirbellose. Auf ähnliche Weise schwenken sie den Schnabel auch durch das flache Wasser, um dort Kleinkrebse oder kleine Fische zu erhaschen. **§!**

Kiebitz *Vanellus vanellus*

REGENPFEIFER

Merkmale: Etwa taubengroß; unverwechselbar durch auffällig schwarz-weißes Federkleid mit metallisch glänzender Oberseite, am Kopf langer, abstehender Federschopf; Schwanz weiß mit breiter, dunkler Endbinde, Unterschwanzdecken rostfarben; im Flugbild Flügel breit, mit weißer Unterseite und schwarzer Spitze, langsamer Flügelschlag; häufigster Ruf ein weinerliches „kie-wi".

Verbreitung: Gemäßigte und mediterrane Breiten von W-EU bis zum Ussuri; 3/4 des europ. Brutbestands im N von D, in den Niederlanden u. Polen. Als Kurzstreckenzieher überwintern mitteleurop. K. im Mittelmeergebiet und in N-Afrika. In milden Gegenden sind sie auch Stand- und Strichvögel.

Wissenswertes: K. leben in offenen Landschaften mit wenig strukturierten Flächen und kurzer Vegetation; früher v. a. Feuchtwiesen und Flachmoore, heute vielerorts landwirtschaftliche Wiesen und Felder. Zur Balz im März zeigen die ♂ Ausdrucksflüge über den Brutrevieren mit atemberaubenden Flugkapriolen. Als Rufe beim Aufsteigen sind „chä-chuit", in der Höhe „wit-wit-wit-wit", im Sturzflug „chiu-wit" sowie wuchtelnde Fluggeräusche vernehmbar. Wenn immer möglich, leben K. gesellig. Gemeinsam greifen sie dann oft auch Eindringlinge in ihr Brutgebiet, wie etwa Greifvögel, Krähen oder Wiesel, an. Bei Brutbeginn sollte die Vegetation nicht höher als 8 cm stehen, damit weder die brütenden Vögel in ihrer Sicht noch später die nestflüchtenden Küken im Laufen behindert werden. Auf intensiv bewirtschaftetem Kulturland wachsen jedoch infolge der Düngung die Pflanzen oft zu rasch. Zudem sind Gelege und Jungvögel des K. durch die entsprechend frühe Mahd gefährdet, die Verwendung von Umweltchemikalien lässt Kleininsekten, die Hauptnahrung der Jungen, fehlen. So hält sich der K. heute in M.-EU vielerorts nur noch durch Zuzug von Artgenossen aus O-EU. **RL, §!**

Lachmöwe *Larus ridibundus*

MÖWEN

Merkmale: 35–40 cm; in allen Kleidern weißer Keil am Vorderrand des Handflügels; Altvögel etwa von (I)III–VIII/XI mit brauner Gesichtsmaske, Schnabel und Beine rot; im Winter Kopf hell mit dunklen Flecken an Auge und Ohr.
Verbreitung: Brutvogel des mittleren und nördl. Eurasiens von NW-EU bis O-Sibirien; in M.-EU v.a. an der Küste und in tieferen Lagen; in M.-EU Standvogel oder Kurzstreckenzieher, überwintert in fast ganz EU und im Mittelmeerraum; nördliche und östliche Populationen weichen im Winter nach S bzw. SW aus.
Lebensraum: L. brüten in z.T. sehr großen Kolonien in der Verlandungszone stehender oder langsam fließender Gewässer sowie auf kleinen, bewachsenen Inseln. Zur Nahrungssuche halten sie sich tagsüber mitunter weitab vom Wasser auf Wiesen und frisch gepflügten Äckern, Müllplätzen, an Kläranlagen, in Häfen und selbst inmitten der Städte auf. Abends, oft erst bei Dunkelheit, kehren sie an die Schlafplätze auf dem Wasser zurück.

Sturmmöwe *Larus canus*

MÖWEN

Merkmale: 38–44 cm, etwas größer als die Lachmöwe und viel kleiner als die im Flug sehr ähnliche Silbermöwe; bei Altvögeln Rücken und Oberflügel grau mit weißem Hinterrand, Flügelspitze schwarz mit großem, weißem Fleck; Kopf weiß, im Schlichtkleid grau gestrichelt; Schnabel gelb, im Winter grau mit dunkler Binde; Beine grünlich gelb; mit 2 1/2 Jahren ausgefärbt.
Verbreitung: Brutvogel im nördl. Eurasien und in Alaska; in M.-EU Brutvorkommen auf die Küste und küstennahe Gebiete konzentriert, erst ab Mitte des 20. Jh. zunehmend auch im Binnenland; Standvogel und Kurzstreckenzieher; überwintert an der Nord- und Ostsee sowie an der Atlantikküste von W-EU, nach S bis Frankreich, wenige auch im Mittelmeer; im mitteleurop. Binnenland bis an den Nordrand der Alpen.
Lebensraum: S. brüten in kleinen bis mittelgroßen Kolonien, an der Küste auf Inseln, Sandstränden und in Dünen, im Binnenland v.a. auf Kiesbänken und Schotterinseln in Seen und Flüssen.

Silbermöwe *Larus argentatus*

MÖWEN

Merkmale: 54–60 cm; häufigste Großmöwe; Altvögel oberseits hellgrau, Flügelspitze schwarz mit großen, weißen Flecken; Kopf weiß, im Schlichtkleid grau gestrichelt; Schnabel gelb mit rotem Fleck; Beine fleischfarben; erst im Alter von 3 1/2 Jahren voll ausgefärbt, vorher von anderen Großmöwen nur schwer zu unterscheiden.
Verbreitung und Lebensraum: Im nördl. N-Amerika, an den Küsten von NW- und N-EU sowie vom Baltikum nordwärts bis N-Finnland und NW-Russland verbreitet; in M.-EU fast ausschließlich an Nord- und Ostseeküste auf felsigen oder sandigen, spärlich bewachsenen Flächen brütend; an der Nordsee Standvogel und Teilzieher; nordosteurop. Vögel ziehen im Winter nach SW.
Nahrung: Segelnd erspähen S. an den Strand gespülte Krebs- und Stacheltiere oder Aas und folgen Fisch- und Krabbenkuttern. Im Watt treten sie Muscheln aus dem feuchten Grund. Auch Eier und Küken von Seevögeln gehören zum Speisezettel der S. Im Winter besuchen sie gern Müllplätze.

Mauersegler *Apus apus*

SEGLER

Merkmale: Schwalbenähnlich, jedoch größer; lange, sichelförmige Flügel, Spannweite bis 44 cm; kurzer, gegabelter Schwanz; im Gegensatz zu Schwalben einheitlich dunkle Unterseite, nur Kehle aufgehellt; reißender Flug mit raschen Flügelschlägen und kurzen Gleitphasen; gegen Abend Flugjagden, mit hohen, schrillen Rufen wie „srih".
Verbreitung: In 2 Unterarten lückenhaft von NW-EU und N-Afrika ostwärts bis zum Baikalsee und Innerasien; in M.-EU vor allem in größeren Ortschaften und Ballungsgebieten bis in 1000 m Höhe; Zugvogel, überwintert im tropischen Afrika; bei uns von Ende IV bis Anfang IX.
Wissenswertes: In M.-EU brüten M. gewöhnlich an Gebäuden, östl. der Elbe auch in Baumhöhlen; die meist 2–3 Jungen können während anhaltender Schlechtwetterperioden in einen Hungerschlaf fallen. M. fangen ausschließlich Fluginsekten, die sie im Kehlsack zu einem Futterballen formen und an ihre Jungen verfüttern. Bis auf die Zeit des Brütens sind M. ständig in der Luft.

Prachtkleid

Schlichtkleid

Prachtkleid

Ringeltaube *Columba palumbus*

TAUBEN

Merkmale: Größte Taube in EU, Spannweite bis 80 cm, deutlich größer als eine Straßentaube mit im Verhältnis längerem Schwanz und kleinerem Kopf; bei Altvögeln auffallend weißer Halsseitenfleck (namengebender „Ring"), oben und unten von metallisch glänzenden Federn begrenzt; beim Auffliegen lautes Flügelklatschen hörbar.
Verbreitung: Von NW-Afrika, Madeira, Azoren und W-EU ostwärts bis SW-Sibirien, südwärts bis Kleinasien, Irak und Kaschmir; in D, Großbritannien und Frankreich 50 % des europ. Gesamtbestands von 8–14 Mio. Brutpaaren.
Wissenswertes: R. brüten in Wäldern aller Art und in Baumgruppen in Feldernähe. Vor allem im nördl. M.-EU tauchen sie zunehmend in Siedlungen auf. Die Nester auf Bäumen und Büschen sind sehr einfach aus Zweigen gebaut. Die beiden weißen Eier kann man manchmal von unten durchschimmern sehen. Bei 2–3 Jahresbruten reicht die Legezeit von IV–VI. ♂ und ♀ lösen sich beim Brüten ab. Die Jungen erhalten zunächst „Kropfmilch".

Mehlschwalbe *Delichon urbica*

SCHWALBEN

Merkmale: Kleiner und schlanker als ein Sperling; kurzer, gegabelter Schwanz ohne stark verlängerte Federn; Oberseite blauschwarz, Unterseite durchgehend weiß; reinweißer Bürzel; Jungvögel oberseits bräunlich schwarz, graue Kehle; Flug weniger reißend als bei der Rauchschwalbe, mehr flatternd, Jagdflüge nicht so bodennah; Flugruf „schrrip" oder „brrit", Warnruf schrilles „sier", Gesang leise schwätzendes Gezwitscher, weniger melodisch als bei der Rauchschwalbe.
Verbreitung: In fast ganz EU (außer Island), N-Afrika und im außertropischen Asien; Langstreckenzieher, bei uns IV–IX/X, überwintert in Afrika südlich der Sahara.
Wissenswertes: Koloniebrüter; Lehmnester unter Vorsprüngen von Bauwerken oder Felsen angeklebt; Nest bis auf ein halbrundes Einflugloch eine geschlossene Halbkugel aus Lehm mit Pflanzenfasern; bis zu 3 Jahresbruten mit je 2–6 Jungen. M. jagen v. a. in Gewässernähe oder über offenen Landschaften truppweise nach Fluginsekten.

Türkentaube *Streptopelia decao*

TAUBEN

Merkmale: Mittelgroße, schlanke, langschwänzige Taube; Spannweite bis 55 cm; hell sandfarbenes Gefieder, halber schwarzer Halsring; bei zusammengefaltetem Schwanz dessen Unterseite fast rein weiß; Jungvögel noch ohne Halsring.
Verbreitung: Ursprünglich Vorderasien bis Japan, südwärts bis Sri Lanka und Arabien; in EU bis 1930er-Jahre nur auf der Balkanhalbinsel, seither Arealausweitung über fast ganz EU.
Wissenswertes: In EU leben die Altvögel ganzjährig in nächster Nähe zum Menschen in Dörfern und Städten. Neben Samen und Früchten holen sie sich ihren Anteil an ausgestreutem Tierfutter und Abfällen. Schon im März werden die Brutreviere von den ♂ besetzt und durch den typischen dreisilbigen Revierruf „gu-guu-gu" (Betonung auf der 2. Silbe) sowie einen akrobatischen Ausdrucksflug markiert. T. brüten bis zu viermal jährlich, gelegentlich sogar im Winter, wobei sie in den Städten neben der Verfügbarkeit von Futter auch vom milderen Klima profitieren.

Rauchschwalbe *Hirundo rustica*

SCHWALBEN

Merkmale: Ungefähr sperlingsgroß, aber viel schlanker; einzige Schwalbenart in M.-EU mit langen Schwanzspießen; Unterseite rahmgelb bis rötlich überhaucht; Stirn und Kehle tief kastanienrot, darunter metallisch blaues Kropfband; oberseits einheitlich metallisch dunkelblau.
Verbreitung: Eurasien, N-Amerika, N-Afrika, in EU nur ganz im N fehlend; Langstreckenzieher, bei uns Ende III–X, überwintert im tropischen Afrika.
Wissenswertes: Siedlungsfolger des Menschen (wie die Mehlschwalben); kleben ihr Lehmnest, eine oben offene Viertelkugel, an senkrechte Flächen, meist in Gebäuden knapp unter der Decke, aber auch unter Brücken. Insbesondere Gehöfte mit Viehställen sind beliebte Brutplätze, weil die R. hier gleich ein ergiebiges Nahrungsangebot an fliegenden Kleininsekten wie Stall- und Stubenfliegen vorfinden. Nach der Brutzeit fallen R. oft zu Tausenden in Schilfflächen zum Schlafen ein. Deshalb glaubte man früher, sie würden im Gewässerschlamm überwintern. **(RL)**

Grünspecht *Picus viridis*

SPECHTE

Merkmale: Kleiner als eine Krähe, etwas größer als der Grauspecht; beide Geschlechter mit roter Kopfkappe, die von der Stirn bis in den Nacken reicht; Bartstreif beim ♂ mit Rot, beim ♀ ohne Rot; Oberseite und Schwanz olivgrün, Unterseite hell grünlich grau; Rufe zur Brutzeit wie Gelächter. G. trommeln sehr selten und dann sehr schwache, unregelmäßige Wirbel.

Verbreitung: In 3 Unterarten von S-Skandinavien und Großbritannien bis Mittelmeerraum sowie Kaukasus bis N-Iran und Turkmenien; Standvogel.

Wissenswertes: Der G. brütet an den Rändern von Laub- und Mischwäldern, im Gebirge auch von Nadelwäldern, in Parkanlagen und vor allem in Streuobstgebieten. Die Bruthöhle wird übernommen oder meistens in morsche Laubbäume gezimmert. Wie der Wendehals ein Ameisenspezialist, sucht der G. seine Nahrung bevorzugt am Boden. Die klebrige und mit Widerhaken ausgestattete Zunge kann dabei bis zu 10 cm tief in die Gänge der Ameisenbaue eindringen. **§!**

Buntspecht *Dendrocopos major*

SPECHTE

♂ mit scharlachrotem Nackenfleck, der dem ♀ fehlt

Merkmale: Spannweite bis 44 cm; sehr kontrastreich gefärbt; Rücken schwarz, große, weiße Schulterflecken, Unterschwanzdecken rot, schwarzer Bart und Ohrstreif bis in den Nacken durchgehend; lange Trommelserien an guten Resonanzkörpern (abgestorbene Bäume, Blechdächer, Antennen etc.).

Verbreitung: Im Nadel- und Laubwaldgürtel Eurasiens und N-Afrikas; in M.-EU häufigster und am weitesten verbreiteter Specht; Standvogel.

Wissenswertes: B. leben von holzbewohnenden Insekten, sammeln andere von Bäumen ab, schlagen Bäume an, um den Blutungssaft zu trinken, plündern aber auch Nester mit Eiern oder Jungvögeln. Im Winter leben B. von fettreichen Samen v. a. von Nadelbäumen, die sie in sog. „Schmieden" aus den in Stammritzen eingeklemmten Zapfen herausschlagen. Junge B. hört man in der Höhle lärmen.

Schwarzspecht *Dryocopus martius*

SPECHTE

Merkmale: Bei weitem größter Specht, krähengroß und schwarz; ♂ mit rotem Scheitel von der Stirn bis zum Nacken, beim ♀ nur Nacken rot; Flug nicht wellenförmig wie der anderer Spechte, sondern langsam und unregelmäßig, eher wie ein Eichelhäher; typische, weithin hörbare Rufe: zur Fortpflanzungszeit Rufreihen wie „kwoih-kwih-kwihk-kwihkkwihkkwik...", Flugruf „kürr-kürr-kürr...", Standortruf „kijah"; Trommelwirbel des ♂ mit 17 Schlägen/sec, des ♀ mit 14–15 Schlägen.

Verbreitung: Von EU bis O-Asien, fehlt auf den Brit. Inseln, in weiten Teilen Spaniens, Italiens und Griechenlands; in M.-EU Standvogel, im N Teilzieher.

Wissenswertes: S. brüten in glattrindigen, astfreien Stämmen, die im Höhlenbereich mindestens 35 cm Umfang erreichen müssen (in M.-EU über 100-jährige Altholzbestände). Holzbewohnende Ameisen, Käfer und andere Insekten holt der S. in aufgelockerten Nadel- und Mischwäldern aus kranken und abgestorbenen Bäumen und modernden Baumstümpfen. **§!**

Kuckuck *Cuculus canorus*

KUCKUCKE

Merkmale: Ungefähr taubengroß, Spannweite bis 60 cm; schlank, langschwänzig; wirkt im Flug sperberähnlich, hat aber spitzere Flügel; oberseits ziemlich einheitlich blaugrau, seltener auch rostbraun (Foto) gefärbt, Unterseite weißlich mit feiner dunkler Querbänderung; unverwechselbarer Ruf des ♂, meist 2-, manchmal auch 3-silbig „kuckuck", dem bei Erregung ein heiseres „hachhachhach" vorausgeht.

Verbreitung: In der gemäßigten und Waldzone Eurasiens von W-EU und N-Afrika bis Kamtschatka und Japan, in Asien südwärts bis zum Rand der Tropen; fehlt in EU nur in Island; überwintert in Afrika südlich des Äquators.

Wissenswertes: Als einziger Vogel in M.-EU ist der K. ein Brutparasit: Das ♀ legt seine 10–20 Eier – einzeln – in Nester anderer Arten, um sie von den Wirtseltern ausbrüten und die Jungen aufziehen zu lassen. Während der raschen Eiablage frisst das ♀ häufig ein Ei der Wirtseltern; die übrigen Eier werden vom Jungkuckuck herausgeworfen.

♂

♂ Jungvogel

♂

Feldlerche *Alauda arvensis*

Fuß mit „Lerchensporn"

Merkmale: Mit 18 cm Länge deutlich größer als ein Sperling; kurze Haube, nur bei gesträubten Scheitelfedern sichtbar; oberseits braun mit schwarzen Streifen, unterseits bräunlich weiß mit dunkler Bruststreifung; Schnabel relativ kurz; langer Schwanz; beim Fliegen dicht über dem Boden weißlicher Saum am Flügelhinterrand und weiße Schwanzaußenkanten erkennbar.

Verbreitung: In mindestens 12 Unterarten vom westlichen EU und NW-Afrika bis O-Sibirien und Japan; Teil- und Kurzstreckenzieher.

Brut: 2 Jahresbruten ab Mitte IV; je 3–5 Eier in einem Bodennest; 10–14 Tage Bebrütung durch das ♀, die Jungen werden von beiden Eltern gefüttert.

Wissenswertes: Die F. trägt ihren Gesang, eine lang dauernde Folge von wirbelnden und trillernden Tönen, meist im Flug vor. Solche Singflüge, die der Reviermarkierung dienen, sind charakteristisch für Offenlandbewohner. Die Vögel gleichen damit das Fehlen von hohen, exponierten Singwarten aus. Der kraftaufwändige Steigflug auf 50–100 m Höhe mit bis zu 8 Minuten langem Gesang ist eine atemtechnische Höchstleitung. In letzter Zeit verschwindet die F. mehr und mehr aus unserer Landschaft, weil ihr durch die Methoden der intensivierten Landwirtschaft die Lebensgrundlagen genommen werden. **(RL)**

Ähnlich der Haubenlerche: **Theklalerche** *Galerida theklae*, etwas kleiner, kürzerer Schnabel, weicherer, melodischerer Gesang. Kleines, zweigeteiltes Brutareal: Iberische Halbinsel (dort in SO-Spanien größte Dichte), SW-Frankreich und Balearen sowie Libyen und O-Afrika. Standvogel; Bewohner steiniger Steppengebiete.

Rotkehlchen *Erithacus rubecula*

DROSSELN

Merkmale: Etwa sperlingsgroß; bräunliches Gefieder, Gesicht, Kehle und Brust orangefarben; Jungvögel dunkel gefleckt, ohne Orangerot; hüpft am Boden rasch und mit hängenden Flügeln, dabei knickst es und stelzt kurz den Schwanz auf.

Verbreitung: EU außer Island, N-Skandinavien und Teilen Russlands; auch N-Afrika, Kleinasien. Während ein Teil unserer Rotkehlchen im Herbst in die Mittelmeerländer zieht, bleibt der größere Teil den Winter über im Brutgebiet und bekommt noch Zuwachs durch Artgenossen aus Skandinavien, die bei uns überwintern.

Wissenswertes: R. leben im Unterholz von Wäldern sowie in Gärten. Am Boden umherhüpfend suchen sie nach Wirbellosen, v. a. im Herbst/Winter auch nach Beeren. Oft liegt noch Schnee, wenn die ♂ bereits mit Revierauseinandersetzungen beschäftigt sind. Die aufgeplusterte orangerote Brust wirkt auf Rivalen als Drohgebärde. Der Reviergesang des ♂ ist melancholisch flötend. Nest in dichtem Bodenbewuchs oder in Höhlungen.

Hausrotschwanz *Phoenicurus ochruros*

DROSSELN

♂ mit rußschwarzer Brust

Merkmale: Größe, Gestalt, Verhalten dem Gartenrotschwanz sehr ähnlich; rostroter Schwanz und Bürzel; ♂ grauschwarz, weißer Flügelfleck, im 1. Jahr graubraun, ohne Flügelspiegel, ähnlich ♀.

Verbreitung: EU außer nördl. Großbritannien, Skandinavien, Russland; Klein- bis Zentralasien; Kurzstreckenzieher; Überwinterung der europ. Brutvögel im Mittelmeerraum, in N-Afrika und im Nahen Osten, gelegentlich auch in M.-EU; bei uns III–XI.

Wissenswertes: H. beginnen ihren Gesang mit gepressten Tönen oft schon vor der Morgendämmerung. Die ursprünglichen Felsbewohner sind in den letzten Jh. in Dörfer und Städte auch im Tiefland eingewandert. Heute kommt der H. in D häufiger vor als der Gartenrotschwanz.

Amsel *Turdus merula*

DROSSELN

Merkmale: Der Zweitname „Schwarzdrossel" bezieht sich auf das schwarz gefiederte ♂; bei diesem nur Schnabel und schmale Augenringe kräftig orangegelb; ♀ oberseits dunkelbraun, unterseits braun gefleckt, Kehle mehr oder weniger aufgehellt; Jungvögel wie ♀, aber oberseits mit dunklen Schaftstrichen; junge ♂ schwarzbraun mit zunächst noch dunklem Schnabel, der sich erst zu Beginn des 2. Kalenderjahrs nach Gelb umfärbt.
Verbreitung: In etwa 15 Unterarten in EU, Asien und NW-Afrika; in M.-EU brütende A. vorwiegend Standvögel oder Teilzieher, nach N zunehmend Zugvögel. „Stadtamseln" neigen eher dazu, im Brutgebiet zu überwintern als „Waldamseln".
Wissenswertes: Die ♂ beginnen oft schon ab dem Spätwinter mit ihrem Reviergesang. Bei der Verteidigung ihrer Reviere gehen A. recht grob miteinander um. Da bei Stadtamseln der Lege- und Brutbeginn deutlich ins Frühjahr vorverschoben ist, können diese bis zu viermal im Jahr brüten, meist mit 4–7 Eiern.

Star *Sturnus vulgaris*

STARE

Merkmale: Kleiner und kurzschwänziger als eine Amsel; Altvögel im Frühjahr mit schwarzem, grün bis violett schillerndem Gefieder, im Herbst und Frühwinter mit vielen weißen Federspitzen übersät („Perlstar"), die sich zum Frühjahr hin abreiben.
Verbreitung: In 9–11 Unterarten von NW- und W-EU bis Sibirien, S-Grenze im Mittelmeergebiet; u. a. in Amerika und Australien eingebürgert; in EU Standvogel, Teil- und Kurzstreckenzieher.
Wissenswertes: S. brauchen Baumhöhlen, Gebäudespalten oder Nistkästen für den Nestbau und kurzrasiges Grünland oder Äcker für die Suche nach Insekten und Würmern. Im Sommer und Herbst fallen sie gern in Obstgärten und Weinbergen ein, um die Früchte zu fressen. Die geselligen Vögel übernachten oft in großen Schwärmen. Der Gesang setzt sich aus zahlreichen Motiven zusammen. Stare imitieren dabei nicht nur andere Vogelstimmen, sondern auch weitere Tierstimmen und andere Umweltgeräusche, vom Rasenmäher bis zu ganz modernen Handy-Klingeltönen.

Kohlmeise *Parus major*

MEISEN

Merkmale: Größte Meise in M.-EU; schwarzer Kopf mit weißen Wangen; unterseits gelb mit schwarzem Längsstrich in der Mitte, der beim ♂ länger und breiter ist als beim ♀; Jungvögel insgesamt blasser und mit gelblichen Wangen.
Verbreitung: In Eurasien vom Atlantik bis Pazifik, fehlt in der nördl. Tundra; Stand- und Strichvogel.
Wissenswertes: K. bewohnen praktisch alle Waldtypen, bevorzugt jedoch Mischwälder und lichte oder offene Baumbestände, im Siedlungsraum auch Gärten, kleine Buschgruppen und selbst weitgehend baumloses Gelände mit Brutplatzangebot (Nistkästen). Höhlenbrüter; 1–2 Jahresbruten ab Ende März; 6–12 Eier, vom ♀ etwa 2 Wochen lang bebrütet. Das ♂ hilft während der knapp 3-wöchigen Nestlingszeit beim Füttern der Jungen. Danach bleibt die Familie noch bis zu 3 Wochen zusammen. K. fressen Insekten und andere Kleintiere sowie Sämereien und werden oft so zahm, dass sie Futter von der Hand nehmen.

Tannenmeise *Parus ater*

MEISEN

Merkmale: Kleinste Meise in M.-EU; Kopfzeichnung ähnlich der Kohlmeise, aber zusätzlich zu weißen Kopfseiten noch ein großer weißer Nackenfleck; unterseits weißlich bis rahmfarben, ohne Gelb; Oberseite bläulich bis olivgrau.
Verbreitung: Von N- und W-EU ostwärts bis Japan, fehlt nur in nadelwaldarmen Gebieten, trockenen Kiefernwäldern und im mediterranen Tiefland; Stand- und Strichvogel.
Wissenswertes: T. sind die häufigste Meisenart in geschlossenen Fichten- und Tannenwäldern. Die Rufe bei Erregung sind, anders als bei den übrigen Meisen, nasal gedehnt „tüi" oder kurz „zit". Ihr Stimmfühlungsruf ist ein feines „si si si", ähnlich dem des Goldhähnchens, ihr Gesang erinnert an Kohlmeisen, klingt aber schneller und feiner. Weil in Nadelwäldern Spechthöhlen selten sind, legen T. als Höhlenbrüter ihre Nester in Nistkästen, oft auch in ausgefaulten Baumstümpfen, Wurzelstöcken und sogar in Mauslöchern am Boden an.

Blaumeise *Parus caeruleus*

MEISEN

Merkmale: Kleiner als die Kohlmeise; einziger Kleinvogel in EU mit blau-gelbem Gefieder; auffallend vor allem der leuchtend blaue Scheitel und die gelbe Unterseite mit schwarzem Mittelstreif; ♀ etwas matter, Jungvögel viel blasser gefärbt.

Verbreitung: In 10–14 Unterarten in ganz EU außer N-Skandinavien, ostwärts bis zum Ural, südwärts bis N-Afrika und Iran; Stand- und Strichvogel, nördliche Populationen auch Invasionsvögel.

Wissenswertes: Bevorzugter Lebensraum der B. sind von Eichen dominierte Auwälder, aber auch in lichten, sonnigen Laub- und Mischwäldern, in reich strukturierten Nadelwäldern und, sofern das Nisthöhlenangebot vorhanden ist, auch in Feldgehölzen, Gärten, Parks oder Buschwerk. Im Winter halten sie sich nahrungssuchend gern im Schilf auf. Neben Insekten und Spinnen stehen im Frühjahr auch Weidennektar, Knospen und Blüten, im Herbst Beeren und Sämereien auf ihrem Speiseplan. Bei Erregung rufen B. zeternd „tscherretetet" oder hoch „ziii zi zi".

Goldammer *Emberiza citrinella*

AMMERN

Merkmale: Etwas größer als ein Sperling; längerer Schwanz, dadurch schlanker wirkend; beim ♂ Kopf goldgelb, Scheitel und Wangen braun umrandet; Bürzel auffällig zimtbraun; ♀ und Jungvögel bräunlicher, stärker gestrichelt.

Verbreitung: In 2 Unterarten von EU bis zu den mittelasiatischen Steppengebieten; im S bis zum Mittelmeergebiet; überwiegend Standvogel; im N und O Kurzstreckenzug, Teilzieher.

Wissenswertes: G. bewohnen halboffene bis offene, abwechslungsreiche Kulturlandschaften mit Sträuchern, Hecken, Obstbäumen, Waldrändern und Ortsrandlagen, jeweils mit exponierten Stellen als Singwarten. Von II bis in den Herbst hinein trägt die G. ihren charakteristischen Gesang vor, der oft umschrieben wird mit „Wie, wie hab ich dich so lieb". Die G. ist eine der wenigen Vogelarten, die auch in der Mittagshitze singen. Das Nest wird vom ♀ in der Krautschicht oder niedrig im Gebüsch gebaut. Das ♂ bringt dem hudernden ♀ das Futter für die Jungen herbei.

Kleiber *Sitta europaea*

KLEIBER

Merkmale: Ungefähr sperlingsgroß; kurzschwänzig, gedrungen; spitzer, spechtartiger Schnabel; langer, schwarzer Augenstreif; Oberseite blaugrau, Unterseite ockergelb bis rostbraun, bei nordeurop. Unterart weißlich; ♂ mit intensiv rotbraunen Flanken.

Verbreitung: In 23–25 Unterarten von EU über den Waldgürtel Asiens bis zum Pazifik, in O-Asien bis an den Rand der Tropen; fehlt in Irland, Schottland, Island und N-Skandinavien; Standvogel in Laub- u. Mischwäldern, auch in Parks und Gärten.

Nahrung: Insekten, deren Larven und andere Kleintiere, die aus Rindenritzen, Spalten und unter der Borke hervorgeholt werden; bei der Nahrungssuche oft spechtähnliches Schnabelklopfen; daneben auch Sämereien.

Brut: Der K. baut sein Nest meist in alten Spechtlöchern. Der Name Kleiber kommt von „kleben", da der Eingang zur Bruthöhle mit feuchter Erde auf die passende Weite verkleinert wird. Als Nistmaterial dienen Rindenstücke; gewöhnlich 6–7 Eier, die vom ♀ bis zu 19 Tage bebrütet werden. Das ♂ füttert die Partnerin am Nest. Die Nestlinge werden 3–4 Wochen lang von beiden Eltern gefüttert.

Wissenswertes: K. sind aufs Klettern spezialisiert. Ohne Einsatz des Schwanzes klettern sie stammauf- und -abwärts und selbst an der Unterseite waagrechter Äste. Im Unterschied zu den Spechten und Baumläufern können alle K. kopfvoran abwärts klettern. Zur Stimmfühlung dient den ungeselligen K. ein meisenähnliches „sit", bei Erregung rufen sie hart und laut „träck träck".

Ähnlich: **Korsenkleiber** *Sitta whiteheadi*, unterseits ohne jedes Rotbraun, Scheitel einheitlich dunkel, beim ♂ schwärzlich, beim ♀ blaugrau, weißer Überaugenstreif; nur auf Korsika. Dort die einzige Kleiberart. Er lebt in den Wäldern der Korsischen Schwarzkiefer, deren Zapfen er hoch oben in den Bäumen bearbeitet.

Eichelhäher *Garrulus glandarius*

KRÄHENVÖGEL

Merkmale: Kleiner als eine Krähe; hell rötlich braun; kennzeichnendes hellblaues, fein schwarz gebändertes Feld auf dem Flügelbug; breiter, schwarzer Backenstreif; flappender, schwerfällig wirkender Flug.
Verbreitung: Von W-EU und N-Afrika bis O- und SO-Asien; in EU nach N bis zum Polarkreis; Standvogel und Teilzieher; bei uns auch Wintergäste und gelegentlich Invasionen nördlicher und östlicher Populationen.
Wissenswertes: E. leben in reich strukturierten Wäldern, größeren Feldgehölzen und halboffenen Landschaften mit Baumgruppen; neuerdings auch in Parkanlagen und großen verwilderten Gärten. Bei reichem Angebot im Spätsommer und Herbst sammeln E. Eicheln, Haselnüsse und Bucheckern und verstecken sie als Vorrat zwischen Wurzeln, in Rindenspalten oder in der Erde. Der häufigste Ruf des E. ist ein lautes, durchdringendes Rätschen als Alarmruf. Der Gesang des ♂ klingt wie ein bauchrednerisches Schwätzen.

Saatkrähe *Corvus frugilegus*

KRÄHENVÖGEL

Merkmale: Größe wie Rabenkrähe; Gefieder schwarz, mit deutlichem Blauschiller; Altvögel mit unbefiederter grauweißer Hautpartie um den Schnabelgrund, Jungvögel noch ohne diese nackte Stelle.
Verbreitung: In 2 Unterarten von W-EU bis O-Asien; in Großbritannien nur stellenweise; fehlt in weiten Teilen Skandinaviens; Standvogel, Teil-, Kurz- oder Langstreckenzieher; bei uns regelmäßig auch als Wintergast aus N und O.
Wissenswertes: Die S. lebt in M.-EU vor allem in offenen Feldlandschaften mit Baumgruppen als Nistmöglichkeiten und einem reichen Angebot an bodenbewohnenden Wirbellosen. Ihr häufigster Ruf ist ein tiefes, heiseres „krra“ oder „korr“. Die Tiere brüten in Kolonien, wobei die Nester immer hoch oben im Geäst angelegt werden. Brutkolonien der S. finden sich oft mitten in Städten. Das ♀ brütet allein die 3–6 Eier aus und lässt sich in dieser Zeit vom ♂ füttern. Während der Nestlingszeit versorgen beide Partner die Jungen.

Elster *Pica pica*

KRÄHENVÖGEL

Merkmale: Kleiner als eine Krähe; unverwechselbar schwarz-weiß mit sehr langem, grün schillerndem Schwanz; Flügel blau schillernd, im Flug weiße Handschwingen sichtbar; beide Geschlechter gleich gefärbt; Jungvögel mit kürzerem Schwanz und matterem Gefieder.
Verbreitung: In ganz EU (Island und einige Mittelmeerinseln ausgenommen), in N-Afrika, den größten Teilen Asiens sowie N-Amerika; ausgesprochener Standvogel.
Wissenswertes: E. benötigen neben ausreichender Deckung auch niedrig bewachsene oder vegetationsfreie Flächen. So sind sie in vielerlei Lebensräumen zu Hause, von lichten Wäldern über offene Landschaften mit Steppencharakter bis zu Siedlungsgebieten. Ihr großes, meist mit Erde ausgestrichenes Reisignest legen E. gewöhnlich in Baum- und Dornengestrüpp an. Zum Schutz vor Nesträubern ist es in der Regel mit Reisig überdacht. Alte E.-Nester werden häufig von Vögeln bezogen, die keine eigenen Nester bauen.

Dohle *Corvus monedula*

KRÄHENVÖGEL

Kopf schwarz und grau

Merkmale: Taubengroß; überwiegend schwarz; Nacken, Hinterkopf und Ohrdecken dunkelgrau; Iris hellblau; schwarze Oberseite mit blauem Schimmer; Jungvögel leicht bräunlich getönt.
Verbreitung: Von EU und NW-Afrika mit Lücken bis Zentralasien; Stand- und Strichvogel.
Wissenswertes: Die geselligen Vögel brüten kolonieweise. Die Nahrung ist wie bei allen Krähenvögeln sehr vielseitig und wird insbesondere auf Äckern, Wiesen und Brachen, in Städten auch auf Müllkippen gesucht. Der charakteristische Ruf der D. ist ein helles, weithin hörbares „kja“. D.-Paare bleiben meist ihr Leben lang zusammen. Die jährlich 4–7 Eier werden vom ♀ allein ausgebrütet, während ♂ es mit Futter versorgt. Die Jungen werden etwa 30–35 Tage im Nest und bis zu 4 Wochen danach von beiden Eltern gefüttert. **RL**

Haussperling, Spatz *Passer domesticus*

WEBERVÖGEL

Merkmale: Länge von Schnabel bis Schwanz 15 cm; kräftiger Körper und Schnabel; Gefieder oft aufgeplustert; beim ♂ Scheitel grau, Nacken kastanienbraun, Kinn und Kehle schwarz; ♀ und Jungvögel unscheinbar graubraun.
Verbreitung: In fast ganz EU außer Teilen N-Skandinaviens; auf Sardinien durch den Weidensperling *(P. hispaniolensis)*, in Italien durch den braunköpfigen *Passer × italiae*, einen Artenbastard aus H. und Weidensperling, ersetzt; NW-Afrika und fast ganz Asien; durch Einbürgerungen weltweit einer der verbreitetsten Landvögel; Standvogel.
Wissenswertes: H. nisten in Löchern aller Art, in denen sie ihre wenig sorgfältig gebauten Kugelnester anlegen. Gelegentlich bauen die Webervögel-Verwandten Freinester in Büschen und Bäumen. Die tschilpenden H. schließen sich gern zu großen Schwärmen zusammen. Ursprünglich stammt der H. wohl aus den Baumsavannen und Halbwüsten W-Asiens und hat als Kulturfolger des Menschen alle Kontinente erobert.

Buchfink *Fringilla coelebs*

FINKENVÖGEL

Merkmale: Sperlingsgroß; in allen Kleidern Schulterfleck, Flügelbinde und äußere Steuerfedern weiß; ♂ an Scheitel und Nacken blaugrau, an Kopfseiten und Brust rostrot; ♀ und Jungtiere oberseits olivbraun, unterseits hell graubraun.
Verbreitung: In 11–13 Unterarten in ganz EU außer Island und N-Skandinavien, ostwärts bis Zentralsibirien; in M.-EU Teilzieher oder Standvogel.
Wissenswertes: B. brüten in Wäldern und Baumgruppen aller Art mit spärlicher Strauch- und Krautschicht, auch mitten in Städten. Ihre Nahrung, die sie v. a. am Boden suchen, besteht aus Sämereien, zur Brutzeit auch vermehrt aus Insekten. B.-Paare leben für eine Brutsaison zusammen Das kunstvolle Napfnest wird meist hoch in Bäumen gebaut. Neben einem mehrsilbigen „pink“ lassen B. auch ein einsilbiges „wrüt“ hören. Eine sehr bekannte Lautäußerung des B. ist das sog. „Rülschen“ („Regenruf“). Den kurzen Reviergesang des ♂, den „Finkenschlag“, kann man oft schon im Februar hören.

Feldsperling *Passer montanus*

WEBERVÖGEL

Merkmale: Ähnlich dem Haussperling, jedoch etwas kleiner und schlanker; Oberkopf und Nacken kastanienbraun, weißliche Kopfseiten mit schwarzem Ohrenfleck, kleiner schwarzer Kehllatz; Geschlechter gleich gefärbt.
Verbreitung: In 6 Unterarten von W-EU ostwärts bis Japan; in N-Amerika und Australien eingebürgert; überwiegend Standvogel.
Wissenswertes: In M.-EU nutzen F. zum Brüten vor allem das natürliche und künstliche Höhlenangebot in der Feldflur (alte Obstbäume, Fels- und Mauerlöcher, Nistkästen), in Siedlungen finden sie sich eher nur in Randlagen. In bis zu 3 Jahresbruten erbrütet und versorgt das Paar gemeinsam jeweils 3–7 Junge. Wie der Haussperling schließen sich F. zur Nahrungssuche und zum Übernachten gern zu Schwärmen zusammen, verhalten sich aber unauffälliger. Durch Verlust an Brutmöglichkeiten und Intensivierung der Landwirtschaft gingen die Bestände des F. in M.-EU gebietsweise dramatisch zurück. **(RL)**

Grünfink, Grünling *Carduelis chloris*

FINKENVÖGEL

Merkmale: Sperlingsgroß, gelbgrünes Gefieder mit auffällig gelbem Flügelspiegel und Gelb an den Schwanzseiten; ♀ blasser graugrün; Jungvögel ober- und unterseits dunkel längsgestrichelt.
Verbreitung: In mindestens 4 Unterarten in EU (außer N-Skandinavien) und N-Afrika, ostwärts bis zum Ural; in M.-EU v. a. Stadtpopulationen Standvögel; auch Kurz- und Mittelstreckenzieher.
Wissenswertes: Landschaften mit hohen Bäumen, Gebüsch und Freiflächen sind die Heimat des G. Er zählt zu den häufigsten Singvögeln in Städten und Dörfern, wo er v. a. Gärten und Parks bewohnt. Die ♂ tragen ihren klingelnden Gesang von Baumspitzen oder Antennen oder im gaukelnden Singflug vor. Neben Sämereien, Knospen und Blüten verzehren G. zur Brutzeit auch kleine Insekten. G. besetzen ihre Brutreviere in Städten bereits Ende II. Das allein vom ♀ gebaute Nest wird gut versteckt in 2–6 m Höhe angelegt, im Siedlungsbereich auch in Rank- und Kletterpflanzen an Mauern, Grabsteinen sowie in Balkonkästen.

Mauereidechse *Podarcis muralis*
ECHTE EIDECHSEN

Merkmale: Etwa 19–25 cm lang, davon rund 2/3 Schwanz; Körper deutlich abgeflacht; sehr variabel gefärbt und gezeichnet, typischerweise aber mit netzartigem Fleckenmuster, dunkler Längslinie auf dem Rücken und dunklem Flankenband; Unterseite hell mit rostroten oder dunklen Flecken, besonders auf Hals und Kehle.
Verbreitung: In M.- und S-EU weit verbreitet; nördl. bis franz. Kanalküste und S-Holland, im S bis M.-Spanien, S-Italien, gesamte Balkanhalbinsel, Kleinasien; bei uns inselartig in klimatisch milden Gebieten (Rheintal, Kaiserstuhl, angesiedelt im Elbtal bei Meißen und bei Passau).
Wissenswertes: M. bevorzugen sonnige Hänge mit Felsen und Geröll, klettern gern, sonnen sich an Mauern und werden so zu Kultur- und Siedlungsfolgern. Sie ernähren sich hauptsächlich von Gliedertieren. Zur Fortpflanzungszeit im Frühjahr besetzen die ♂ Reviere, die sie gegen Rivalen verteidigen. Zum Paarungsspiel gehört das Beißen des ♂ in Schwanz und Flanke der Partnerin. **RL, §!**

Blindschleiche *Anguis fragilis*
SCHLEICHEN

Merkmale: Beinloses, mit den Eidechsen verwandtes Reptil, bis 45 cm lang, davon 2/3 Schwanz; drehrunder, glatter Körper; Oberseite sehr variabel gefärbt, oft mit dunkler Längslinie, Bauch dunkelgrau; Augen mit beweglichen Lidern.
Verbreitung: Fast ganz EU außer Irland, N-Skandinavien und großen Teilen der Iber. Halbinsel.
Wissenswertes: B. bewohnen Laubwälder, Moore, Wiesen, Heiden, Gärten und Parks. Mit Dämmerungsbeginn schleichen sie bedächtig ihrer Beute nach, etwa Regenwürmern, Nacktschnecken und nachtklammen Insekten. Wie alle Reptilien sind B. wechselwarm und müssen „erstarren", wenn die Umgebungstemperatur zu weit sinkt. Ihr wissenschaftlicher Name „zerbrechliche Schleiche" spielt auf die Fähigkeit der B. an (die sie mit Eidechsen teilt), beim Zugriff eines Räubers den zappelnden Schwanz als Ablenkungsmanöver zurückzulassen. Und „Blind-" kommt vom althochdeutschen Wort für „blendend", was sich auf ihre glänzende bleigraue, kupfer- oder bronzefarbene Haut bezieht. **§!**

Ringelnatter *Natrix natrix*
NATTERN

Merkmale: Ziemlich große und kräftige Wassernatter; ungiftig; ♂ 60–70 cm, ♀ 80–100 cm lang; Kopf vom Körper deutlich abgesetzt; Grundfarbe grau, am Hinterkopf charakteristische gelbe, dunkel gerandete „Halbmondflecken"; Pupillen rund.
Verbreitung: NW-Afrika, Iber. Halbinsel, M.- und O-EU, S-England, S-Skand., Italien, viele Mittelmeerinseln, Balkan, Türkei, Russl. bis Baikalsee.
Wissenswertes: R. bevorzugen die Uferbereiche naturnaher Gewässer, kommen in Auwäldern, an Waldrändern und -lichtungen, in Mooren, Gärten und Parks vor. Die guten Schwimmer und Taucher jagen überwiegend Frösche, auch Schwanzlurche und Fische, seltener Mäuse und Eidechsen. Zur Paarung ab Mitte IV treffen sich viele Tiere an einem Platz. Die ♀ legen oft gemeinsam ihre 20–50 weißen, weichschaligen Eier in Kompost- oder Laubhaufen ab. Die nach 4–8 Wochen geschlüpften Jungschlangen fressen zunächst v. a. Würmer und Kaulquappen. R. zischen bei Bedrohung sehr heftig, ohne aber zu beißen. **RL, §!**

Kreuzotter *Vipera berus*
OTTERN

Merkmale: Giftschlange; Länge 60–75 cm; ♀ größer als ♂; Rücken mit typischem dunklem Zickzackband; neben normal gezeichneten Exemplaren auch einheitlich schwarz oder rotbraun gefärbte Tiere; vorgewölbtes Überaugenschild und senkrecht stehende, geschlitzte oder ovale Pupillen.
Verbreitung: Iber. Halbinsel im W, England, Skandinavien, Russland bis Sachalin, nördlich bis über den Polarkreis, im S bis Balkanhalbinsel.
Wissenswertes: K. leben in Mooren, Sumpfgebieten, auf Bergwiesen, Waldlichtungen, Heiden, an Waldrändern, Bahndämmen, in Steinbrüchen u. ä. Die tagaktiven Tiere sind bei schwülwarmem Wetter besonders lebhaft. Sie ernähren sich von Mäusen, Jungvögeln, Reptilien und Fröschen, die sie mit einem Giftbiss töten. Ihr Biss ist auch für Menschen gefährlich, aber selten tödlich. Die ♂ führen zur Paarungszeit (IV–V) häufig ritualisierte Turnierkämpfe am Paarungsplatz auf. K.-♀ gebären bis zu 20 Junge, die zunächst von jungen Fröschen und Waldeidechsen leben. **RL, §!**

Feuersalamander *Salamandra salamandra*
SALAMANDER UND MOLCHE

Merkmale: Länge bis 20 cm; glänzend schwarz mit gelben oder orangeroten Flecken oder Streifen, Bauch grau- bis braunschwarz; Ohrdrüsen und 2 Drüsenleisten längs der Rückenmitte.
Verbreitung: EU, NW-Afrika, NW-Küste Kleinasiens; isoliertes Vorkommen in Persien.
Wissenswertes: Der F., eine Charakterart der Laubwälder des Hügel- und Berglands, lebt in bewaldeten Tälern mit Wasserläufen. Er ist vorwiegend nachtaktiv, bei Regenwetter aber auch tagaktiv („Regenmännchen"). Körperlich feuchtkalt, gleichzeitig aber brennend heiß durch ihr Drüsengift, wurden F. im Mittelalter vielfach Opfer des Aberglaubens. Bei den Paarungsspielen im IV/V versucht das ♂ vor Absetzen des Spermaträgers das ♀ auf dem Rücken zu tragen. Im Sommer setzen die ♀ meist fertige Larven, seltener Eier, in die sauerstoffreichen Bäche, wo sie sich während ihrer 2-monatigen bis 2-jährigen Entwicklungszeit (abhängig von Nahrung und Temperatur) von kleinen Wassertieren ernähren. **§!**

Teichmolch *Triturus vulgaris*
SALAMANDER UND MOLCHE

Merkmale: Gesamtlänge 6–11 cm; kleiner als Kammmolch; Rücken grau bis braun, Bauch orangerot oder gelb mit dunklen Flecken, Flanken gepunktet, Kopf gestreift; ♂ zur Paarungszeit mit gewelltem Rückenkamm.
Verbreitung: W- und M.-EU inkl. Britischer Inseln, S-Skandinavien, S- bis M.-Italien und Balkan; fehlt in SW-Frankreich und auf Iberischer Halbinsel.
Wissenswertes: T. leben in offenen Kulturlandschaften mit Wäldern, Gärten und Parks, im Gebirge bis in 1000 m Höhe. Die nachtaktiven Tiere sind an Land schwer zu finden. Man sieht sie am ehesten ab II/III in den Laichgewässsern (stark verkrautete Klein- und Kleinstgewässer). Ab 8 °C Wassertemperatur entwickeln die ♂ den Rückenkamm und breiten Schwanzsaum. Ihr Paarungsspiel ähnelt dem des Bergmolchs. Jahreszeitlich wie lebensraumbedingt (Wasser/Land) ernähren sich die Molche unterschiedlich. Ihre Fressfeinde sind Libellenlarven, Larven verschiedener Wasserinsekten, Fische und Vögel. **§!**

Gelbbauchunke *Bombina variegata*
SCHEIBENZÜNGLER

Merkmale: Bis zu 5,5 cm lang; Oberseite lehmfarben, warzig; Kehle, Bauch und Innenseiten der Beine leuchtend gelb-schwarz gefleckt (Warntracht); herzförmige Pupillen.
Verbreitung: M.- und S-EU, im W bis fast zur franz. Atlantikküste, im N bis Weserbergland und Harz, im O bis zum Schwarzen Meer; südlichste Vorkommen auf Sizilien und einigen griechischen Inseln.
Wissenswertes: G. sind typische Bewohner des Hügel- und Berglands. Ihre bevorzugten Aufenthalts- und Laichbiotope sind flache Tümpel und Gräben, auch wassergefüllte Wagenspuren oder größere Pfützen reichen ihnen aus. Während die dämmerungs- und nachtaktiven Tiere in Überwinterung, Paarung und Ernährung der Rotbauchunke sehr ähneln, verläuft ihre Larvenentwicklung um einige Tage schneller. G. rufen leise, melodisch und in schneller Folge „uh-uh-uh". Bei Gefahr zeigen sie wie die Rotbauchunke den Unkenreflex als Schreckstellung. **RL, §!**

Rotbauchunke *Bombina bombina*
SCHEIBENZÜNGLER

Merkmale: Körperlänge bis 5 cm; sehr ähnlich der Gelbbauchunke, aber Körperunterseite mit roten oder orangen Flecken; Oberseite graubraun; Körperseiten und dunkle Hautbezirke unterseits mit weißlichen Punkten.
Verbreitung: Im W bis Weser und Dänemark, im N bis Finnischen Meerbusen, im O bis Ural, im S bis Schwarzes Meer und Bulgarien.
Wissenswertes: R. bevorzugen kleine, pflanzenreiche Gewässer im Tiefland. Die ♂ rufen eintönig, aber klangvoll „uuh-uuh-uuh", wobei sie aufgeblasen auf der Wasseroberfläche liegen und den gesamten Körper als Resonanzboden nutzen. Wenn zahlreiche Tiere im Chor rufen, ist ein lautes, schwingendes „uuhuuuhuuh" weit hörbar. Nach dem Winterschlaf in Erdhöhlen kommt es ab Ende III bis V zu ersten Paarungen, bei denen die ♀ Eiklümpchen an Wasserpflanzen oder am Gewässerboden absetzen. Der Nachwuchs aus späteren Gelegen kann als Larven überwintern. **RL! §!**

Erdkröte *Bufo bufo*

ECHTE KRÖTEN

Merkmale: ♂ bis 9 cm, ♀ bis 15 cm lang; Haut warzig; Oberseite bräunlich, oliv, gelblich oder rötlich, Unterseite grauweiß und dunkel marmoriert; am Hinterkopf große Drüsenpolster; Iris goldfarben.
Verbreitung: Große Teile von EU, nur in Irland, auf einigen Mittelmeerinseln und im nordöstlichen Skandinavien fehlend.
Wissenswertes: Die dämmerungs- und nachtaktiven Tiere leben in Wäldern, in der Kulturlandschaft sowie im Gebirge. Zur Fortpflanzung (ab II, hauptsächlich aber in III/IV) suchen die laichplatztreuen E. mittelgroße bis große, stabile Gewässer auf, und zwar jeweils diejenigen, in denen sie selbst sich entwickelt haben. Bereits verpaarte ♀ tragen dabei den Partner Huckepack zum Laichgewässer. Während die ♀ nur 3–6 Tage im Wasser bleiben, um ihre meterlangen Laichschnüre mit 3000–8000 schwarzen Eiern um Pflanzen und Äste zu spannen, bleiben die ♂ länger im Laichgewässer. Ihre charakteristischen, kurzen und hohen Rufe hören sich an wie „oäck-oäck". **§!**

Teichfrosch *Rana kl. esculenta*

ECHTE FRÖSCHE

Merkmale: Mischform aus Seefrosch und Kleinem Wasserfrosch, im Freiland schwer zu bestimmen; oberseits grün, graugrün oder grüngelb mit undeutlichem, dunklem Fleckenmuster; ♂ bis 9 cm, ♀ bis 11 cm groß.
Verbreitung: Im größten Teil von M.- und O-EU, bis W-Frankreich und S-Schweden.
Wissenswertes: Grünfrösche (mit meist grüner oder gelbgrüner Grundfärbung) leben im Unterschied zu den Braunfröschen ganzjährig an und in Gewässern. Der T. entstand in M.-EU nach der letzten Eiszeit durch die Bastardierung des Seefrosches mit dem Kleinen Wasserfrosch. Im wissenschaftlichen Namen wurde er mit dem Zusatz „kl."(von kleptos = Dieb) versehen, denn zur Sicherung seiner eigenen Fortpflanzung muss er von einer Elternart durch erneute Kreuzungen immer wieder Erbinformationen „stehlen". T. kommen in ihren Lebensräumen, Wäldern, Mooren, Parks und Gärten mit stehenden, wasserpflanzenreichen Gewässern, oft zus. mit den Elternarten vor. **§!**

Laubfrosch *Hyla arborea*

LAUBFRÖSCHE

Merkmale: Mit bis 5 cm Länge kleinste heimische Froschart; Oberseite glatt, einfarbig grün, gelegentlich grau oder braun, selten blau; dunkler Streifen von Nase über Auge bis zu Oberschenkeln; Bauch hell; an Fingern und Zehen Haftscheiben.
Verbreitung: Mit Ausnahme des N und Teilen des SW in ganz EU, vom Tiefland bis in 2000 m Höhe.
Wissenswertes: Die Wärme liebende Art verlässt in M.-EU erst im IV ihre Erdhöhlen. Fortpflanzungsbereite Tiere tauchen dann bis VI nachts an warmen, meist vegetationsreichen Gewässern auf. Tagsüber halten sich die sprunggewaltigen und sonnenhungrigen L. recht unbeweglich auf Blättern und Ästen auf. Die ♂ rufen mit ihrer großen, kehlständigen Schallblase in rhythmischen Rufreihen sehr laut und hart „äpp-äpp-äpp-äpp", oft als „Chorgesang" vorgetragen. Die ♀ setzen, vom ♂ fest umklammert, je 10–50 Eier, portioniert in walnußgroßen Klümpchen, an Wasserpflanzen ab. Nach 2–3 Tagen schlüpfen schon die Larven. L. sind keine Wetterpropheten. **RL, §!**

Grasfrosch *Rana temporaria*

ECHTE FRÖSCHE

Merkmale: Durchschnittlich 7–9 cm, maximal 11 cm großer, plumper Braunfrosch mit kurzer, stumpfer Schnauze; Oberseite dunkelbraun bis rötlich, mit dunklen Flecken; Hinterbeine im Verhältnis zum Körper kürzer als beim Springfrosch (nach vorn gebogenes Fersengelenk erreicht etwa den Augenbereich).
Verbreitung: Neben der Erdkröte in EU am weitesten verbreiteter Lurch; nur in großen Teilen der Iberischen und Apenninen-Halbinsel sowie auf dem Balkan und den Mittelmeerinseln fehlend.
Wissenswertes: Als Frühlaicher wandern G. oft schon ab Ende II zu ihren Laichplätzen, wobei viele ♀ das kleinere ♂ bereits huckepack mittragen. Die Tiere suchen Weiher, aber auch Gräben und Pfützen zum Ablaichen auf. Die großen Laichballen des G. bestehen aus 700–4500 Eiern, die bei ausreichend Wassertiefe auf den Grund sinken; ältere Laichballen schwimmen oft an der Oberfläche. Der Paarungsruf des G. ist ein leises, dumpfes Knurren. **V, §!**

Bachforelle *Salmo trutta* forma *fario* — LACHSE

Merkmale: Länge 25–50(60) cm; 110–130 kleine Rundschuppen entlang der Seitenlinie; Fettflosse.
Lebensweise: Bewohner sauberer Bäche (Forellenregion); Fried- und Raubfisch; Kiesgrubenlaicher von X–III; 500–3500 Eier pro ♀; mit 2–3 Jahren ab 18–25 cm Länge geschlechtsreif; Höchstalter 20 J.
Vorkommen: EU und Vorderasien.
Wissenswertes: Die Laichplätze der B. liegen in Bächen bis in 2500 m Höhe. Das ♀ schlägt mit dem Schwanz eine Laichgrube im flach und schnell überströmten, grobkiesigen Grund, um seine Eier zu vergraben. Aus den 3,8–5,5 mm großen Eiern schlüpfen nach 70–120 Tagen 1,2–2 cm lange Larven, die noch ca. 20 Tage im Kieslückensystem bleiben. Außerhalb der Laichzeit findet man die B. auch weiter unterhalb der Laichbäche, aber immer dort, wo sie Versteckmöglichkeiten hat. Durch Einbringen von Steinen, Holzstämmen oder ähnlichem kann die erwachsene B. selbst in begradigten Gewässern gehalten werden.

Hecht *Esox lucius* — HECHTE

Merkmale: Länge 40–120(150) cm, ♂ nur bis 90 cm; 110–130 kleine Rundschuppen entlang der mitunter vielfach unterbrochenen Seitenlinie.
Lebensweise: Bewohner stehender und fließender Gewässer; Raubfisch; Pflanzenlaicher von II–V; 9000–400 000 rötlich braune Eier pro ♀; ♂ mit 2–4, ♀ mit 3–4 Jahren ab 25–40 cm Länge geschlechtsreif; Lebensdauer bis über 30 Jahre.
Vorkommen: Zirkumpolar über die Kontinente von EU, Asien und N-Amerika weit verbreitet.
Wissenswertes: Der H. bevorzugt als Standfisch die pflanzenreichen Uferbereiche. Im Brackwasser der Ostsee kommt er bei Salzgehalten bis zu 1 % vor. Zum Laichen sucht der H. krautbewachsene Uferstellen oder kleinere Seitengräben auf. Aus den klebrigen, an Pflanzen haftenden Eiern schlüpfen nach 10–30 Tagen die 6–8 mm langen Larven. Diese ruhen für 5–12 Tage, während sie mithilfe von Haftorganen am Kopf an den Pflanzen kleben. Ab 4–5 cm Länge erbeutet der H. andere Fische.

Karpfen *Cyprinus carpio* — WEISSFISCHE

Merkmale: Länge 30–80(120) cm; 37–39 gr. Rundschuppen entlang Seitenlinie; vorstülpbares Maul.
Lebensweise: Bewohner warmer, langsam fließender und stehender Gewässer mit reichen Wasserpflanzenbeständen; Friedfisch; Pflanzenlaicher von V–VII; 40 000–2 000 000 klar gelbe Eier pro ♀; mit 2–4 Jahren ab 30–45 cm Länge geschlechtsreif; Höchstalter 50 Jahre.
Vorkommen: Als wichtigster Teichfisch schon im 13.–15. Jh. in fast ganz EU; heute weltweit.
Wissenswertes: Der K. laicht an seichten Stellen zwischen Pflanzen, an denen die 2–2,5 mm großen Eier kleben bleiben. Nach 3–6 Tagen schlüpfen die ca. 5 mm großen Larven. Diese heften sich mithilfe ihrer Klebedrüsen am Kopf im Pflanzenwerk an, um eine Ruheperiode durchzumachen.
Der K. besitzt ein wohlschmeckendes Fleisch mit 99 Gräten. Es gibt gestreckte oder hochrückige Züchtungen mit unterschiedlicher Beschuppung als Schuppen-, Spiegel-, Zeil- und Lederkarpfen.

Flussbarsch, Barsch *Perca fluviatilis* — ECHTE BARSCHE

Merkmale: Länge 20–35(50) cm; 58–67 Kammschuppen entlang der Seitenlinie.
Lebensweise: Bewohner fließender und stehender Gewässer, verträgt Brackwasser gut; Raubfisch; Pflanzen-Gesteinlaicher von III–VI; 12 000–300 000 Eier pro ♀; ♂ mit 2–3 Jahren ab 9–10 cm, ♀ mit 3–4 Jahren ab 15–20 cm Länge geschlechtsreif; Höchstalter 28 Jahre.
Vorkommen: Weit verbreitet in EU und Asien.
Wissenswertes: Das ♀ legt seine in Schleim eingebetteten Eier in bis zu 1 m langen, netzartigen Laichbändern an Wasserpflanzen, versunkenen Ästen und Steinen im flachen Wasser ab. Während der Ablage besamen mehrere ♂ das Laichband. Aus den aufgequollenen Eiern schlüpfen nach 8–21 Tagen die 5–6 mm langen Larven. Der junge F. frisst wirbellose Kleintiere, der erwachsene hauptsächlich Fische, auch die der eigenen Art. In nährstoffreichen Gewässern neigt er bei Massenvermehrung zu Kümmerwuchs.

Silberfischchen *Lepisma saccharina*

FISCHCHEN

Merkmale: Körperlänge 8–11 mm; Körper spindelförmig, mit einem silbrig glänzenden Schuppenkleid überzogen; am Hinterende mit 3 auseinanderspreizenden Schwanzfäden. Ganzjährig.
Vorkommen: Fast nur in Gebäuden, vor allem an feuchten Stellen; überall sehr häufig.
Wissenswertes: Das S. gehört sicher zu den bekanntesten Vertretern des Hausungeziefers, richtet aber, außer vielleicht bei sehr massivem Auftreten, keine nennenswerte Schäden an. Das sehr anspruchslose Urinsekt ernährt sich von allen möglichen Abfallstoffen und Vorräten, sogar Tapetenkleister. Die Paarung erfolgt gewöhnlich in einem Zimmerwinkel. Das ♂ spinnt dabei aus wenigen Fäden ein kleines Gespinstdach vom Boden zur Wand und setzt darunter einen Spermatropfen ab. Anschließend kriecht das ♀ unter die Fäden, bleibt über dem Tropfen stehen und nimmt die Samenflüssigkeit in seine Geschlechtsöffnung auf. Die Eier werden später mit dem kurzen Legebohrer in Bodenritzen abgelegt.

Gewöhnlicher Ohrwurm *Forficula auricularia*

OHRWÜRMER

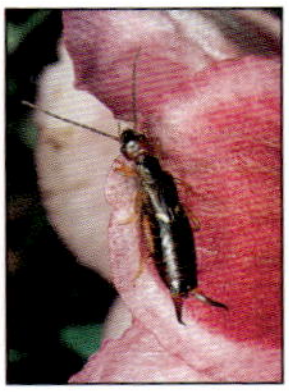

Merkmale: Hinterleib am Ende mit langen, ungegliederten Zangen, die beim ♂ (großes Bild) stark gebogen und innen gezähnt, beim ♀ (kleines Bild) fast gerade sind; Vorderflügel zu winzigen Schuppen reduziert. Ganzjährig.
Vorkommen: Besonders in offenem Gelände und im Siedlungsbereich überall häufig.
Wissenswertes: Unter den winzigen Vorderflügelschuppen liegen voll entwickelte, häutige Hinterflügel verborgen. Sie sind fächerförmig und zudem mehrfach quer gefaltet und ragen als kurze Zipfel unter den Schuppen hervor. Zu ihrer Entfaltung dienen die Hinterleibszangen, doch ist der G. O. offenbar flugunfähig. Man hat aber andere Arten schon fliegen sehen. Das ♀ legt im Frühjahr in einer Erdhöhle seine Eier ab, befreit sie von Zeit zu Zeit von Schimmelpilzen und bewacht sie bis zum Schlüpfen der Larven.

Kleine Eintagsfliege *Ephemerella ignita*

EINTAGSFLIEGEN

Merkmale: Flügelspannweite 15–24 mm; Hinterende mit 3 langen Schwanzfäden; Hinterflügel nur etwa 1/4 so lang wie Vorderflügel. Flugzeit V–IX.
Vorkommen: Vorzugsweise an fließenden, seltener an stehenden Gewässern; fast überall eine der häufigsten Eintagsfliegen.
Wissenswertes: Die Larve ist etwas untersetzt, mit ziemlich kleinen, auf der Oberseite des Hinterleibs liegenden Kiemenblättchen. Sie hält sich gewöhnlich zwischen Wasserpflanzen oder unter Steinen auf, wo sie sich von pflanzlichen und anderen organischen Stoffen ernährt. Am Ende ihrer Entwicklung häutet sie sich – meist abends – an der Wasseroberfläche zur Subimago, diese am darauf folgenden Morgen zur Imago.
Nach der Paarung quillt aus der Geschlechtsöffnung des ♀ ein kugelförmiger, dunkler Eiballen hervor, den das Tier längere Zeit mit sich herumträgt. Später wird die Eikugel ins Wasser abgeworfen, wo sie zerfällt. Die Eier verteilen sich dabei über den Gewässergrund.

Grünes Heupferd *Tettigonia viridissima*

LAUBHEUSCHRECKEN

Merkmale: Körperlänge 28–42 mm; Färbung grün, oft am Rücken braun; Flügel die Hinterknie weit überragend, Legebohrer des ♀ etwa bis zur Flügelspitze reichend. VII–X.
Vorkommen: An Wegrändern, auf Trockenwiesen und im Siedlungsbereich überall häufig.
Wissenswertes: Diese recht große Art ernährt sich vorwiegend von Raupen und anderen Insekten, kaum dagegen von Pflanzen, ist also durchaus nützlich. Das ♂ lässt etwa ab den Mittagsstunden seinen schwirrenden Gesang ertönen. Dabei sitzt es Kopf unter meist auf einer etwas höheren Pflanze und reibt die beiden Vorderflügel aneinander. Der Ton entsteht, indem eine geriefte Schrillader auf der Unterseite des oben liegenden Flügels über eine vorstehende Kante des unteren Flügels gerieben wird. Eine rundliche Membran in den Flügeln dient als Verstärker. Das ♀ versenkt die Eier mit seinem langen Legebohrer ins Erdreich. Die Larven ähneln bis auf die fehlenden Flügel schon sehr ihren Eltern.

Siebenpunkt *Coccinella septempunctata*

MARIENKÄFER

Merkmale: Körperlänge 5–8 mm; Flügeldecken rot, mit insgesamt 7 schwarzen Punkten. Ganzjährig.
Vorkommen: Überall häufig, dringt regelmäßig auch in Häuser und Wohnungen ein.
Wissenswertes: Der S. ist als Blattlausvertilger allgemein beliebt. Nicht nur der Käfer selbst, sondern auch seine blaugraue, mit gelben Flecken gezeichnete Larve (kleines Bild) ernährt sich fast ausschließlich von Blattläusen. Sie benötigt für ihre Entwicklung etwa 600 ihrer Beutetiere. Allerdings kann sie nicht alle Blattlausarten vertilgen; so erweist sich z. B. die Holunderblattlaus *Aphis sambuci* für sie als tödlich giftig.
Ähnlich: Der ebenso häufige und verbreitete, nur ein wenig kleinere **Zweipunkt-Marienkäfer** *Adalia bipunctata* ist lediglich mit 2 schwarzen Punkten gezeichnet.

Kartoffelkäfer *Leptinotarsa decemlineata*

BLATTKÄFER

Merkmale: Körperlänge 7–11 mm; Kopf und Halsschild orange mit schwarzen Flecken, Flügeldecken gelb mit schwarzen Längsbinden. Ganzjährig.
Vorkommen: Auf Ackerland und in Gärten zeitweise sehr häufig.
Wissenswertes: Der K. war ursprünglich in den Rocky Mountains heimisch, wo er an einem Nachtschattengewächs lebte. Erst mit dem aufkommenden Kartoffelanbau entdeckte er diese Nutzpflanze für sich und breitete sich schnell über den ganzen nordamerikanischen Kontinent aus. Ab 1877 trat er dann auch in M.-EU auf, konnte sich hier aber zunächst aufgrund intensiver Bekämpfungsmaßnahmen nicht recht ausbreiten. Erst in den 30er-Jahren des 20. Jh. begann er bei uns seinen Siegeszug, kurz nach dem 2. Weltkrieg war er bis ins östlichste Deutschland vorgedrungen. Der K. erscheint jährlich in 1–2 Generationen. Die rötlichen Larven fressen die Kartoffelblätter. Bei massivem Befall können sie gemeinsam mit den Käfern ganze Kartoffeläcker kahl fressen.

Gewöhnliche Teichjungfer *Lestes sponsa*

TEICHJUNGFERN

Merkmale: Flügelspannweite 40–50 mm; Färbung grün oder kupfern metallisch, ♂ am Anfang und Ende des Hinterleibs sowie auf Teilen des Brustabschnitts hellblau bereift. Flugzeit VI–X.
Vorkommen: Vor allem an flachen, mit Binsen bewachsenen, oft moorigen Gewässern; gebietsweise durchaus häufig.
Wissenswertes: Wie alle *Lestes*-Arten spreizt die G. T. im Sitzen ihre Flügel schräg auseinander. Hierdurch unterscheidet die sich deutlich von den übrigen Kleinlibellen, zu denen außer den Teichjungfern auch noch die Prachtlibellen sowie die Feder- und Schlanklibellen gerechnet werden, die ihre Flügel meist flach über dem Hinterleib zusammenlegen.
Die G. T. zeigt recht häufig das für alle Libellen charakteristische Paarungsverhalten: Zunächst greift das ♂ mit seinen Hinterleibszangen ein ♀ hinter dem Kopf (linkes großes Bild), krümmt dann seinen Hinterleib so weit nach unten, bis dessen Spitze mit der Geschlechtsöffnung das Begattungsorgan an der Hinterleibsbasis berührt, und „betankt" dieses mit Sperma (linkes kleines Bild). Daraufhin biegt das ♀ seine Hinterleibsspitze zum Begattungsorgan des ♂. Dabei entsteht das typische herzförmige „Paarungsrad" (rechtes großes Bild). Nach der Paarung sticht das ♀ seine Eier mit dem Legebohrer in einen Binsenstängel hinein. Die Larve (rechtes kleines Bild) besitzt dunkel quergebänderte Kiemenblättchen. Sie verhält sich recht träge. Ihre Entwicklung bis zur fertigen Libelle dauert 8–10 Wochen. **§!**

Hufeisen-Azurjungfer *Coenagrion puella*

SCHLANKLIBELLEN

Merkmale: Flügelspannweite 40–50 mm; 2. Hinterleibssegment des hellblau gefärbten ♂ mit hufeisenförmiger Zeichnung (Name!); ♀ gelbgrünlich, ohne auffallende Zeichnungen. Flugzeit V–IX.
Vorkommen: Vorzugsweise an kleineren stehenden Gewässern; eine der häufigsten heimischen Libellen.
Wissenswertes: Auch bei dieser Art bleiben die Partner zur Eiablage miteinander verbunden. Die ♀ setzen sich, oft zu mehreren dicht nebeneinander, auf im Wasser schwimmende Pflanzenteile und schieben mit ihrem Legebohrer die Eier ins Pflanzengewebe. In dieser Zeit stehen die ♂ mit steif aufgerichtetem Körper und angelegten Beinen über der Partnerin (Bild). Sie beobachten hierbei die Umgebung und können sich beim Auftauchen einer Gefahr zusammen mit ihrer Partnerin in Sicherheit bringen. Gleichzeitig verhindern sie Störungen der Eiablage durch andere paarungswillige ♂, die unentwegt auf Weibchensuche umherpatrouillieren.
Die Larve (kleines Bild) ist gelblich oder grünlich und hat ungezeichnete, an der Spitze meist abgerundete, relativ schmale Schwanzblättchen. **§!**

Rote Waldameise *Formica rufa*

AMEISEN

Merkmale: Körperlänge 4–11 mm; zwischen Bruststück und Hinterleib eine aufrechte Schuppe („Schuppenameise"); Oberseite von Kopf und Bruststück, Beine und Hinterleib schwarzbraun, übriger Körper rot gefärbt. Ganzjährig.
Vorkommen: An etwas offenen Stellen in Wäldern und an Waldrändern meist nicht selten.
Wissenswertes: Die R. W. lebt in den bekannten, bis über 1 m hohen, kuppelförmigen, überwiegend aus Fichtennadeln aufgebauten Nesthaufen. Die Arbeiterinnen erbeuten als Nahrung für die Brut große Mengen an Insekten und stellen damit eine wichtige „Polizei des Waldes" dar.

Rasenameise *Tetramorium caespitum*

AMEISEN

Merkmale: Körperlänge 2,5–8 mm; zwischen Bruststück und Hinterleib 2 Knötchen („Knotenameise"); dunkelbraun, Hinterecken des Brustabschnitts gezähnt. Ganzjährig.
Vorkommen: In offenem, trockenem Gelände ziemlich häufig.
Wissenswertes: Die R. besitzt wie alle Knotenameisen einen Giftstachel. Ihre Puppen sind nicht von einem Kokon umgeben (im Bild die großen Puppen von Geschlechtstieren). Die Art nistet unter Steinen oder frei im Boden. Frei angelegte Nester sind oft an großen Erdhaufen zu erkennen. Die Geschlechtstiere schwärmen von Mai bis August.

Gewöhnlicher Grashüpfer *Chorthippus parallelus*

FELDHEUSCHR.

Merkmale: Körperlänge 13–23 mm; Färbung sehr variabel, bunt gescheckte und einfarbige, graue, braune und grüne Tiere meist nebeneinander; Flügel beim ♀ (Bild) vor der Hinterleibsmitte endend, beim ♂ bis fast zur Hinterleibsspitze; Halsschild-Seitenkiele nach hinten auseinanderweichend. VI–XI.
Vorkommen: In mäßig trockenem bis mäßig feuchtem, offenem Gelände überall sehr häufig.
Wissenswertes: Das ♂ trägt etwa einsekündige, aus kurzen, kratzenden Einzeltönen bestehende Gesangsverse vor. Während die meisten Feldheuschrecken nur bei Sonnenschein singen, kann man diese Art z. T. auch nachts hören.

Wasserläufer *Gerris* sp.

WASSERLÄUFER

Merkmale: Körperlänge 10–17 mm; Vorderbeine kurz, angewinkelt, Mittel- und Hinterbeine sehr lang, flach in Kreuzform ausgebreitet. Ganzjährig.
Vorkommen: Auf der Oberfläche stehender und langsam fließender Gewässer; überall häufig.
Wissenswertes: Die W. besiedeln oft scharenweise die Wasseroberfläche, auf der sie wie Schlittschuhfahrer dahingleiten. Die Behaarung auf der Unterseite ihrer Beine verhindert ein Einsinken. Sie leben v. a. von ins Wasser gefallenen Insekten. Neben Exemplaren mit verkümmerten Flügeln treten auch flugfähige Tiere auf, die sehr schnell neu entstandene Gewässer besiedeln können.

Feldmaikäfer *Melolontha melolontha* BLATTHORNKÄFER

Merkmale: Körperlänge 20–30 mm; Halsschild meist schwarz, Flügeldecken braun, Hinterleibsseiten mit dreieckigen, weißen Haarflecken; Fühler beim ♂ (beide Bilder) mit einem großen, immer 7-blättrigen Fächer, beim ♀ mit nur 6 kurzen Blättchen; Hinterleibsspitze zu einem parallelseitigen, zungenförmigen Anhang ausgezogen. V–VI.

Vorkommen: An Waldrändern, auf Wiesen und in sonstigem offenem Gelände in manchen Jahren häufig bis sehr häufig.

Wissenswertes: Die Larve, der allbekannte Engerling, frisst unterirdisch an Pflanzenwurzeln und erweist sich bei Massenvermehrungen oft als Schädling an Kulturpflanzen. Da sie 3–4 Jahre für ihre Entwicklung benötigt, tritt die Art alle 3 oder 4 Jahre häufiger auf („Maikäferjahre"). Dann richten vielfach auch die ausgewachsenen Käfer Schäden durch Kahlfraß an Bäumen an.

Nachdem der Käfer kurz nach dem Zweiten Weltkrieg intensiv mit dem Insektenvernichtungsmittel DDT bekämpft wurde, gingen die Bestände stark zurück, gleichzeitig wurden aber auch ihre Feinde, z. B. die Fledermäuse, empfindlich geschädigt. Nach dem DDT-Verbot (in D 1979) nahm der Käfer zahlenmäßig zwar wieder zu, trat aber nicht mehr im gleichen Maße wie früher schädigend in Erscheinung.

Ähnlich: Der etwas seltenere **Waldmaikäfer** *Melolontha hippocastani* weist meist einen braunen Halsschild auf. Auch ein knopfartig erweiterter Fortsatz an der Hinterleibsspitze unterscheidet ihn vom Feldmaikäfer.

Kleines Glühwürmchen *Lamprohiza splendidula* LEUCHTKÄFER

Merkmale: Körperlänge 8–10 mm; ♂ normal geflügelt, an einen Weichkäfer erinnernd, Halsschild mit durchscheinendem Fenster, der Kopf mit den großen Augen darunter verborgen; ♀ larvenartig, weißlich, mit winzigen Flügelstummeln. VI–VII.

Vorkommen: In etwas feuchten Wäldern und Gebüschen; im südlichen D ziemlich häufig, nach N zu seltener.

Wissenswertes: Beide Geschlechter können in besonderen Leuchtorganen, die beim ♂ unterseits kurz vor der Hinterleibsspitze (linkes großes Bild), beim ♀ (kleines Bild oben) darüber hinaus an den Seiten weiterer Hinterleibsringe liegen, ein grünliches Leuchten erzeugen.

Das Licht entsteht, wenn die Tiere die beiden in ihrem Körper gebildeten Stoffe Luciferin und Luciferase zusammenbringen. Sie leuchten, unabhängig vom Wetter, jeweils von der späten Dämmerung bis kurz nach Mitternacht. Die am Boden sitzenden ♀ locken auf diese Weise die emsig umherfliegenden ♂ herbei. Diese lassen sich aus dem Flug auf ihre Partnerin fallen und es kommt

unverzüglich zur Paarung. Auch die kurz nach der Paarung abgelegten Eier leuchten ein wenig. Die asselförmigen, dunkelgrau gefärbten Larven ernähren sich hauptsächlich von Schnecken und zeigen ebenfalls ein leichtes Leuchten. Die fertigen Käfer nehmen keine Nahrung mehr zu sich.

Ähnlich: Beim **Großen Leuchtkäfer** *Lampyris noctiluca* leuchtet nur das ziemlich dunkel gefärbte, ungeflügelte ♀ (Bild). Seine Leuchtorgane beschränken sich auf die Unterseite der letzten Hinterleibsringe.

Gewöhnliche Wespe *Vespula vulgaris*

Merkmale: Körperlänge 11–19 mm; zwischen Auge und Einlenkung der Kiefer nur ein schmaler Zwischenraum („Kurzkopfwespe"), Kopfschild gelb mit schwarzer, T-förmiger Zeichnung; Seitenstreifen an der Brust gleichmäßig schmal. Ganzjährig.
Vorkommen: Überall sehr häufig, in den meisten Gegenden die häufigste Faltenwespe.
Wissenswertes: Die G. W. versorgt ihre Brut vorwiegend mit Fleischnahrung, insbesondere mit Fliegen. Hierdurch macht sie sich durchaus nützlich. Die Wespen selbst können aber nur flüssige Nahrung aufnehmen. Außer Blütennektar naschen sie gern an Süßigkeiten und können dann z. B. an der Kaffeetafel äußerst lästig werden. Diese unangenehme Eigenschaft teilen sie mit der Deutschen Wespe. Die übrigen heimischen Faltenwespen, etwa die Hornisse oder die Sächsische Wespe, treten dagegen niemals als Lästlinge in Erscheinung.
Die Nester der G. W. werden stets an verborgenen, dunklen Orten, z. B. in alten Mäusenestern oder auf Dachböden, gebaut und wie die der Hornisse aus vermodertem Holz hergestellt. Sie zeigen daher eine mehr oder weniger gelbliche Färbung. Falls der verfügbare Platz keine andere Form aufzwingt, besitzen sie eine annähernd kugelige Gestalt. Sie können einen Durchmesser von über 50 cm, in Extremfällen sogar von etwa 1 m aufweisen. Die größten Nester beherbergen an die 7000 Insassen. Wie bei der Hornisse wird der gesamte Staat von einer einzigen Königin (im Bild das deutlich größere Tier) beherrscht; sämtliche anderen Nestbewohner sind deren Nachkommen.

Ähnlich: Die auf Trockenrasen und Sonnenhängen recht häufige **Rote Wespe** *Vespula rufa* zeigt eine sehr ähnliche Kopfzeichnung, ist aber auf den vorderen Hinterleibsringen mehr oder weniger deutlich rot gefärbt.

Honigbiene *Apis mellifera*

Merkmale: Körperlänge 11–18 mm; Grundfärbung braun, vordere Hinterleibsringe oft gelb oder rötlich, Oberseite der Hinterleibsringe mit grauen oder hell bräunlichen Filzbinden; Arbeiterin (unfruchtbares ♀) mit Pollensammeleinrichtung an den Hinterbeinen), Königin (fruchtbares ♀) mit stark verlängertem Hinterleib, Drohne (♂) mit deutlich vergrößerten Augen. Ganzjährig.
Vorkommen: Überall sehr häufig.
Wissenswertes: Ein H.-Volk setzt sich aus bis zu 8000 Arbeiterinnen und stets nur einer einzigen Königin zusammen. Die sechseckigen, waagrecht ausgerichteten Brutzellen werden aus Wachsplättchen, die junge Arbeiterinnen an der Unterseite des Hinterleibs abscheiden, gebaut und zu umfangreichen, sehr regelmäßigen Waben aneinandergefügt. Diese Waben werden unter natürlichen Bedingungen (z. B. in Baumhöhlen) unmittelbar nebeneinander angeordnet. Die inneren Zellen der innen liegenden Waben enthalten die Brut, in den äußeren Waben sowie den äußeren Zellen der inneren Waben werden die Nahrungsvorräte, Pollen und Honig, gespeichert. Kehren die Sammlerinnen von einer ergiebigen Trachtquelle zurück, unterrichten sie andere Sammelbienen davon durch eine besondere Tanzsprache. Im späten Frühjahr wachsen in etwas vergrößerten Zellen die Drohnen heran. Gleichzeitig entstehen in den viel größeren Weiselzellen am Rand der Waben Jungköniginnen. Kurz vor dem Schlüpfen einer neuen Königin zieht die alte mit einem Teil des Volks aus. Zunächst bildet sich eine Schwarmtraube (rechtes Bild), bis Kundschafterinnen ein geeignetes Quartier gefunden haben, in das dann der ganze Schwarm einzieht. Die frisch geschlüpfte neue Königin tötet zunächst mit ihrem Stachel die noch nicht geschlüpften Konkurrentinnen in ihren Weiselzellen. Dann tritt sie ihren Hochzeitsflug an und lässt sich dabei meist von mehreren Drohnen begatten. Danach verlässt sie den Stock erst wieder im folgenden Jahr, wenn sie ihrerseits durch eine neue Königin abgelöst wird. Ihre einzige Aufgabe besteht fortan im Eierlegen. Dabei wird sie ständig von ihrem „Hofstaat" (linkes Bild) umhegt.

Großer Kohlweißling *Pieris brassicae*

WEISSLINGE

Merkmale: Spannweite 50–65 mm. Vorderflügel oberseits mit ausgedehntem, schwarzem Spitzenfleck, beim ♀ zusätzlich mit 2 großen, schwarzen Punkten. Flugzeit IV–X. Raupe gelbgrün gefärbt mit dichtem, schwarzem Punktemuster.

Vorkommen: Vorwiegend in Gärten und sonstigen kultivierten Flächen; früher überall sehr häufig, neuerdings viel seltener.

Wissenswertes: Die Raupen entwickeln sich an verschiedenen Kohlsorten, doch ebenso an anderen Kreuzblütengewächsen. Die Falter fliegen bei uns meist in 3 Generationen pro Jahr. Während die Frühlingsfalter nur kleine Gelege von z. T. weniger als 10 Eiern ablegen, heften die im Sommer fliegenden Tiere manchmal mehrere 100 Eier an die Blattunterseite. So besiedeln die Raupen der Sommergenerationen die Pflanzen meist in dichten Scharen. Zur Verpuppung wandern sie oft an Gebäudewänden empor und verwandeln sich dort in weißliche, schwarz gepunktete Gürtelpuppen, die überwintern.

Tagpfauenauge *Nymphalis io*

EDELFALTER

Merkmale: Spannweite 50–55 mm. Durch die Augenzeichnung auf Vorder- und Hinterflügeln mit keinem anderen Schmetterling zu verwechseln; Flugzeit ganzjährig. Raupe schwarz mit zahlreichen weißen Punkten.

Vorkommen: In den verschiedensten Lebensräumen; überall sehr häufig.

Wissenswertes: Der Falter bringt im Allgemeinen 2, gelegentlich auch 3 Generationen im Jahr hervor, in klimatisch ungünstigeren Lagen dagegen nur eine. Raupennährpflanze ist bei uns ausschließlich die Große Brennnessel. Die Jungraupen überziehen die Triebe, an denen sie fressen, mit einem gemeinsamen Gespinst. Erst im vorletzten Häutungsstadium trennen sie sich und suchen schließlich verborgene Orte auf, wo sie sich z. B. an einem dürren Zweig zur Verpuppung festheften. Nach 2–3 Wochen schlüpft aus der Stürzpuppe der fertige Falter, der sich kurz darauf wieder fortpflanzt oder sich zur Winterruhe in ein geschütztes Quartier (Dachboden, Höhle, Fuchsbau o. ä.) zurückzieht.

Kleiner Fuchs *Nymphalis urticae*

EDELFALTER

Merkmale: Spannweite rund 40–50 mm. Flügel oberseits gelbrot mit blauen, mondförmigen Randflecken. Flugzeit ganzjährig. Raupe dunkelgrau mit zitronengelben Längsbinden.

Vorkommen: In offenen Lebensräumen überall sehr häufig, einer der häufigsten Tagfalter.

Wissenswertes: Schon im Februar, spätestens im März, verlassen die überwinterten Falter ihre Schlupfwinkel und saugen an den ersten Frühlingsblühern, z. B. gern am Huflattich. Wenig später beginnen die Tiere sich fortzupflanzen. Wie das Tagpfauenauge entwickelt sich auch der K. F. bei uns ausschließlich an der Brennnessel. Die Raupen leben wie die des Tagpfauenauges zunächst gelegeweise zusammen. Zwischen Ende Mai und Mitte Juni erscheinen die ersten Falter der neuen Generation. Sie legen noch im Juni Eier, und ab Anfang Juli, meist aber erst im August, beginnt die nächste Generation zu fliegen. Diese Tiere überwintern. Nur ausnahmsweise entsteht noch eine 3. Faltergeneration.

Admiral *Vanessa atalanta*

EDELFALTER

Merkmale: Spannweite 50–60 mm. Vorderflügel mit roter Binde und schwarzer, weiß gefleckter Spitze; Flugzeit ganzjährig. Raupe schwarz mit kontrastreich abgesetzten gelben Seitenflecken oder grau bis braun mit weniger deutlichen, hellen Flecken.

Vorkommen: V. a. an Waldrändern, auf Streuobstwiesen und im Siedlungsbereich; überall häufig.

Wissenswertes: Der Falter ist in Gärten oft an Fallobst, aber auch am Schmetterlingsflieder zu beobachten. Die Raupe entwickelt sich an der Großen Brennnessel. Das ♀ legt die Eier einzeln an sonnig stehende kleinere Pflanzen. Die Raupe ist anhand ihres charakteristischen Verstecks leicht zu finden: Sie benagt ein Brennnesselblatt am Ende des Blattstiels, worauf dieses nach unten abknickt und sich zu einer Art Zelt zusammenrollt. Die Art überwintert als Falter, kann aber bei uns die kalte Jahreszeit nur selten überleben. Alljährlich erfolgt jedoch über die Alpen ein Zuflug neuer Falter aus S-EU und N-Afrika.

Stechmücke *Aedes* sp.

STECHMÜCKEN

Merkmale: Körperlänge 7–9 mm; Fußglieder meist hell-dunkel geringelt; ♀ (linkes großes Bild) mit langem Stechrüssel, kurzen Lippentastern und zugespitztem Hinterleib. Flugzeit IV–X. Viele schwer unterscheidbare Arten.

Vorkommen: Überall sehr häufig, besonders in feuchten Wäldern.

Wissenswertes: Die ♀ sind äußerst lästige Blutsauger, vor allem bei schwülem Wetter und nachts. Nur wenn sie eine Blutmahlzeit zu sich genommen haben, können ihre Eier heranreifen. Die ♂ hingegen ernähren sich von Pflanzensäften. Die Larven (rechtes großes Bild) besitzen ein schräg abstehendes Atemrohr, mit dem sie am Wasserspiegel hängen. Sie strudeln mit ihren Mundwerkzeugen Schwebteile herbei, die ihnen als Nahrung dienen. Bei Gefahr tauchen sie mit schlängelnden Schwimmbewegungen zum Gewässergrund hinab. Die Puppen (kleines Bild unten) sind annähernd kugelig, mit einem um den Körper geschlungenen Hinterleib.

Gewöhnl. Winterschwebfliege *Episyrphus balteatus*

SCHWEBF.

Merkmale: Körperlänge 10–11 mm; Brustabschnitt kupferfarben glänzend, Hinterleib gelb, 3. und 4. Segment mit breiter Hinterrandbinde und davor schmalen, unterbrochenen Querstrichen, das 2. Segment außerdem mit dunklem Kreuz. Flugzeit fast ganzjährig.

Vorkommen: Überall häufig.

Wissenswertes: Die G. W. ist wie die meisten Schwebfliegen eine eifrige Blütenbesucherin. Ihre dunkelgraue, abgeflachte Larve ernährt sich fast ausschließlich von Blattläusen, die sie mit ihren dolchförmig gekrümmten Mundhaken ansticht, von der Pflanze losreißt und aussaugt.

Blaue Schmeißfliege *Calliphora vicina*

SCHMEISSFLIEGEN

Merkmale: Körperlänge 8–12 mm; Färbung metallisch graublau oder schwarzblau, Hinterleib mit dunklen Schillerflecken. Flugzeit III–XI.

Vorkommen: Überall sehr häufig, vor allem im Siedlungsbereich.

Wissenswertes: Die ♀ dieser ziemlich kräftigen Fliegenart dringen oft in Küchen ein und legen ihre weißlichen Eier in dichten Haufen an unabgedecktes rohes oder gekochtes Fleisch. Die Maden entwickeln sich in wenigen Tagen und verwandeln dabei ihre Nahrung in einen übel riechenden Brei. Sie verpuppen sich wie die meisten Fliegen in der letzten Larvenhaut zu einem braunen Tönnchen.

Gewöhnliche Stubenfliege *Musca domestica*

ECHTE FLIEGEN

Merkmale: Körperlänge 6–8 mm; dunkelgrau mit gelbbraunem, oben und am Ende schwarz gezeichnetem Hinterleib. Flugzeit fast ganzjährig.

Vorkommen: Überall sehr häufig, vor allem in Wohnungen.

Wissenswertes: Die G. S. ernährt sich von flüssigen Stoffen, kann sich aber auch feste, wasserlösliche Nahrungsstoffe (z. B. Zucker) erschließen, indem sie sie mit Speichel beträufelt und dann mit ihrem stempelförmigen Rüssel aufsaugt. Ihre Larven, beinlose Maden, entwickeln sich an verwesenden Stoffen, auf Müll- oder Misthaufen. Die G. S. bringt es auf bis zu 5 Generationen pro Jahr.

Regenbremse *Haematopota pluvialis*

BREMSEN

Merkmale: Körperlänge 8–12 mm; Flügel fein grau marmoriert, in Ruhelage dachförmig über dem Hinterleib zusammengelegt; Augen mit bunten Zackenbinden, die fast in allen Regenbogenfarben schillern. Flugzeit V–X.

Vorkommen: Überall häufig, die häufigste heimische Bremsenart.

Wissenswertes: Die R. ist besonders bei schwülfeuchtem Wetter sehr aktiv, besonders kurz vor einem Gewitter. Sie sticht beim Menschen bevorzugt in die Arme und lässt sich beim Saugen kaum stören. Es stechen nur die ♀, die ♂ leben von Nektar.

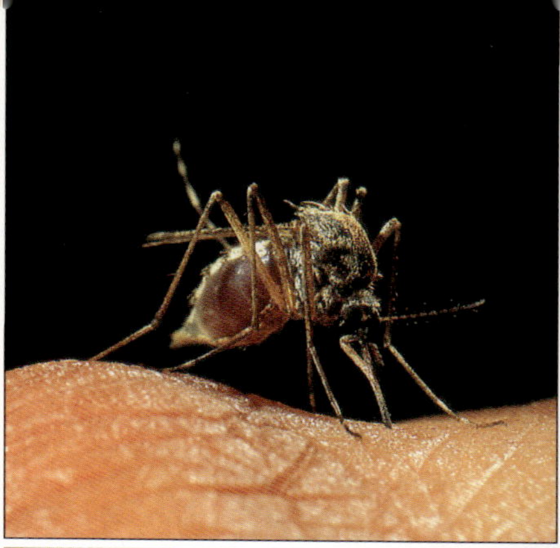

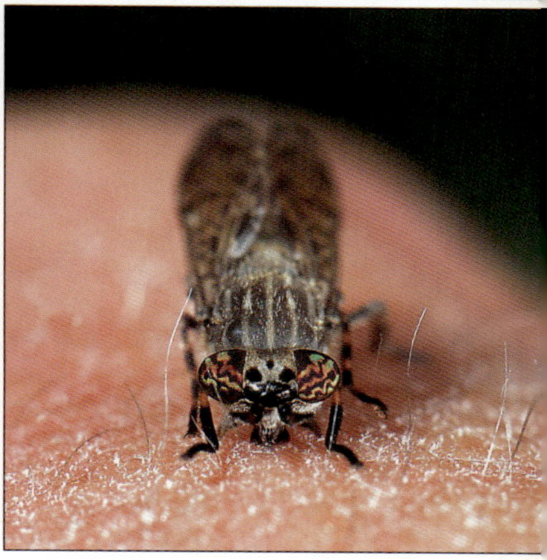

Zebraspringspinne *Salticus scenicus*

SPRINGSPINNEN

Merkmale: Körperlänge 5–7 mm; Körper, vor allem der Hinterleib, kontrastreich schwarz und weiß quer gebändert; wie für Springspinnen typisch mit 4 stark vergrößerten Augen an der Stirn, daneben 2 nicht ganz so große und 4 kleinere an den Kopfseiten; ausgewachsen IV–X.
Vorkommen: Vor allem an und in Gebäuden, außerdem z. B. an Felsen, Zaunpfählen und Baumstämmen; fast überall häufig.
Wissenswertes: Die Z. kann die Netzhaut ihrer Frontalaugen verschieben und dadurch das Bild eines Beutetieres scharfstellen. Sie schleicht sich bis auf 1–2 cm Abstand an und springt dann blitzschnell zu, nicht ohne sich aber vorher mit einem Sicherheitsfaden am Untergrund verankert zu haben. Auf diese Weise verhindert sie einen Absturz von Vertikalflächen.
Bei der Balz präsentiert das ♂ dem ♀ seine stark vergrößerten Giftkiefer. Der Eikokon wird in einem sackförmigen Gespinst abgelegt, das auch als Schlupfwinkel für das ♀ dient.

Holzbock, Zecke *Ixodes rizinus*

MILBEN

Merkmale: Körperlänge beim ♂ ca. 2,5 mm, beim ♀ 3–4 mm; Rückenschild beim ♂ den ganzen Körper bedeckend, beim ♀ den stark dehnbaren Hinterleib frei lassend; ganzjährig ausgewachsen.
Vorkommen: Vor allem in Wäldern, doch auch in offenem Gelände; überall häufig.
Wissenswertes: Während das erwachsene ♂ keine Nahrung mehr aufnimmt, lauert das ♀ mit schräg vorgestreckten Vorderbeinen an Zweigspitzen sitzend auf ein Opfer. Bei diesem treibt es seine mit Widerhaken bewehrten Mundteile in die Haut und saugt 1–2 Wochen lang Blut, bis der Hinterleib schließlich auf bis zu 10 mm Länge angeschwollen ist. Danach legt es 1000–3000 Eier am Boden ab. Die sechsbeinigen Larven entwickeln sich über achtbeinige Nymphen in 1–2 Jahren zur ausgewachsenen Zecke. Jedes Stadium sucht sich dabei einen neuen Wirt zur Blutaufnahme. Beim Saugakt können gefährliche Krankheiten, v. a. eine Form der Hirnhautentzündung (FSME) und Borelliose, auf den Menschen übertragen werden.

Weberknecht *Phalangium opilio*

WEBERKNECHTE

Merkmale: Körperlänge 4–7 mm; Vorder- und Hinterkörper zu einer kompakten Einheit verschmolzen, oben darauf ein Augenhügel mit einem Augenpaar, Beine außerordentlich lang und dünn; Grundfärbung hellgrau bis hellbraun, auf der Oberseite mit dunkler Sattelzeichnung, die vor allem bei ♂ deutlich ist; ausgewachsene Tiere VII–XI.
Vorkommen: An Waldrändern und in offenem Gelände, auch in Gärten; ziemlich häufig.
Wissenswertes: Das ♂ (Bild) besitzt recht eigenartig gestaltete Cheliceren. Diese stellen (wie bei allen Weberknechten) gestielte Scheren dar. Die Scherenhand ist nach oben in einen steil aufragenden, spitzen Fortsatz ausgezogen, der länger ist als der Scherenstiel. Offenbar kämpfen die ♂ damit um die ♀. Die Tiere können die Spitzen ihrer langen Beine wie Lassos um Pflanzenstängel schlingen und sich so sicher in der Vegetation verankern. Die Nahrung besteht vorwiegend aus lebenden Insekten, die teilweise sogar im Vorbeiflug blitzschnell aus der Luft gegriffen werden.

Kellerassel *Porcellio scaber*

ASSELN

Merkmale: Körperlänge 17–18 mm; Körper deutlich abgeflacht, Körperoberfläche ziemlich matt, deutlich gekörnt, Antennengeißel (letzter Fühlerabschnitt) 2-gliedrig; Färbung schiefergrau oder braun, oft mit heller Fleckung; ganzjährig ausgewachsene Tiere anzutreffen.
Vorkommen: An feuchten bis mäßig trockenen Stellen, z. B. in Wäldern und Komposthaufen, regelmäßig auch in feuchten Kellern; in EU fast überall sehr häufig, nur im S etwas seltener, in den Alpen bis in über 2000 m Höhe.
Wissenswertes: Die K. atmet über Luftsäcke, die als „weiße Körperchen" an den Außenästen der vorderen beiden Hinterleibsbeinpaare zu erkennen sind. Bei der Paarung setzt sich das ♂ schräg auf den Rücken des ♀, biegt seinen Hinterleib unter den Körper des ♀ und überträgt mit dem Innenast eines der vorderen Hinterleibsbeine das Sperma. Die Eier werden in einen Brutraum unter dem Vorderkörper abgelegt, wo sie mit einer Nährflüssigkeit versorgt werden.

Weinbergschnecke *Helix pomatia*

SCHNIRKELSCHNECKEN

Merkmale: Gehäuse kugelig mit kegelförmigem Gewinde, 30–50 mm im Durchmesser; hellgrau oder hellbraun getönt mit dunkler, oft undeutlicher Bänderung.
Vorkommen: In Wäldern und offenem Gelände, besonders auf kalkhaltigen Böden; M.- und SO-EU; in vielen Gebieten häufig, doch mancherorts durch Umwelteinflüsse oder das Absammeln für Nahrungszwecke selten geworden.
Wissenswertes: Die W. kriecht auf einem Schleimband, das sie aus einer Schleimdrüse unterhalb des Kopfes absondert. Beim Kriechen werden abwechselnd die Längs- und Quermuskeln der Fußsohle kontrahiert. Hierdurch entstehen Kontraktionswellen, die von hinten nach vorn wandern und die sich z. B. durch eine Glasscheibe gut beobachten lassen.
Die W. genießt vor allem in Frankreich als Speiseschnecke große Wertschätzung. Die jährlich verbrauchte Menge von mehreren tausend Tonnen wird überwiegend in Osteuropa gesammelt. **§!**

Hain-Bänderschnecke *Cepaea nemoralis*

SCHNIRKELSCHNECKEN

Merkmale: Gehäuse mit 22–25 mm Durchmesser; Nabel bei ausgewachsenen Schalen vollkommen geschlossen, Färbung und Zeichnung außerordentlich variabel, Grundfärbung gelblich weiß, zitronengelb, rosa, rot, violett oder dunkelbraun, ohne oder mit einem bis mehreren, meist dunkelbraun bis schwarz gefärbten Spiralbändern, die aber auch durchscheinend sein oder miteinander zusammenfließen können, Rand der Mündung aber fast immer dunkelbraun, selten weißlich.
Vorkommen: Vor allem in Kulturgelände, besonders in Gärten, seltener in natürlichen Lebensräumen; in den meisten Gegenden ziemlich häufig.
Wissenswertes: Die unterschiedlichen Färbungsvarianten sind genetisch festgelegt. Sie treten daher in verschiedenen Gebieten in unterschiedlicher Häufigkeit auf. Es gibt aber auch durch Umwelteinflüsse ausgelöste Zeichnungsvarianten, so etwa in Wärmegebieten Tiere, bei denen die dunklen Bänder in ein spiraliges Fleckenmuster aufgelöst sind.

Rote Wegschnecke *Arion rufus*

WEGSCHNECKEN

Merkmale: Körperlänge 12–15 cm, Färbung orangerot, braun oder schwarz; Schale vollkommen zurückgebildet, als Rest des gewundenen Eingeweidesacks der Gehäuseschnecken vorn mit einem Mantelschild, in dessen vorderer Hälfte auf der rechten Körperseite das Atemloch.
Vorkommen: Vorwiegend in Wäldern und anderem naturnahen Gelände, weniger im Kulturgelände, in den meisten Gegenden häufig.
Wissenswertes: Die R. W. wird nur etwa 1 Jahr alt. Die Tiere paaren sich von Hochsommer bis in den Herbst. Dabei umschlingen sie sich halbkreisförmig, stülpen ihre volumniösen, weißen Geschlechtsvorhöfe aus und übertragen wechselweise eine Samenkapsel. Sie sterben dann kurz nach der Eiablage. In der letzten Zeit wird die R. W. mehr und mehr durch die nur nach dem Bau der Geschlechtsorgane sicher unterscheidbare Spanische Wegschnecke *(Arion lusitanicus)* verdrängt, die aber fast nur im Kulturgelände auftritt und z. B. in Gärten sehr lästig und schädlich werden kann.

Gewöhnlicher Regenwurm *Lumbricus terrestris*

RINGELWÜRMER

Merkmale: Körperlänge 9–30 cm; aus 110–180 ziemlich gleichförmigen Ringen zusammengesetzt; sattelförmige Verdickung (Clitellum) im Bereich der Ringe 32–37.
Vorkommen: Vor allem in lehmigen Böden weit verbreitet und fast überall häufig.
Wissenswertes: Der G. R. lebt in einem bis in etwa 2 m Tiefe reichenden Gangsystem, aus dem er nachts, bei feuchter Witterung manchmal auch tagsüber, mit dem Vorderende hervorkommt, um Blätter und andere pflanzliche Reste als Nahrung in den Erdboden hinabzuziehen. Durch den Abbau von Falllaub und durch seine Grabtätigkeit trägt er wesentlich zur Humusbildung und Auflockerung des Bodens bei. Zur Eiablage wird vom Clitellum ein erhärtender Schleimgürtel gebildet, der nach vorn geschoben wird. Aus der weiblichen Geschlechtsöffnung (Segment 15) wird meist nur ein Ei in diesen Gürtel hineingelegt, das beim Vorbeigleiten an den Samentaschen (Segment 9 und 10) befruchtet wird.

Pflanzen und Pilze

Weiß-Tanne *Abies alba*

KIEFERNGEWÄCHSE

Merkmale: Immergrüner Nadelbaum mit geradem, kräftigem Stamm, bis 50 m hoch; Krone in der Jugend kegelförmig, im Alter eher abgeflacht, bei frei stehenden Exemplaren bis zum Grund beastet; Äste fast waagrecht oder leicht hängend, nur in der Wipfelregion steil aufrecht.
Nadeln bis zu 3 cm lang, abgeflacht, biegsam, stumpf, oberseits dunkelgrün, auf der Unterseite mit zwei hellen Streifen (Spaltöffnungsreihen), meist 2-zeilig gescheitelt, sitzen den Zweigen mit einem rundlichen Fuß an, Lebensdauer ungefähr 8–10 Jahre.
Blüten einhäusig verteilt; nur im obersten Kronenteil an 2-jährigen Zweigen; Knospen rötlich braun gefärbt, nicht harzend; Blütezeit IV–V.
Zapfen aufrecht, bis 10 cm lang, anfangs grünlich, zur Reifezeit blassbraun. Die Schuppen lösen sich einzeln von der Spindel ab, sodass man niemals vollständige Zapfen unter den Bäumen findet.
Standort: Wichtiger Waldbaum, in Höhen zwischen 400–1000 m zusammen mit Buche, Berg-Ahorn, Wald-Kiefer und Fichte, oft bestandsbildend im Tannen-Buchen-Mischwald bzw. im Tannen-Fichtenwald des Berglands, nur selten in Reinbeständen. Selten als Ziergehölz gepflanzt.
Verbreitung: Heimisch von den Pyrenäen über das französische Zentralmassiv, die Vogesen, den Schwarzwald und die Alpen (mit Ausnahme der Zentralalpen) bis zu den Karpaten und auf die Balkan-Halbinsel in großen, inselartigen Vorkommen, außerdem in einem kleinen Gebiet auf Korsika und im nördlichen Apennin; außerhalb des natürlichen Verbreitungsgebiets auch forstlich kultiviert, jedoch wenig widerstandsfähig gegen Luftschadstoffe, Schädlinge und Klimastress.
Wissenswertes: Tannenholz harzt nicht, ist sehr hell und schwindet beim Trocknen nur wenig. Deshalb stellt es ein ideales Konstruktionsholz dar und wird vielfach auch für den Bau von Musikinstrumenten verwendet, beispielsweise für Orgelpfeifen oder Saiteninstrumente. An den Beständen der W., vor allem denen des Schwarzwalds, wurde man in den 1970er-Jahren erstmals auf (neuartige) Waldschäden und das Phänomen des Baumsterbens aufmerksam, da diese Art gegen Rauchgase und andere Schadstoffe aus der Luft außerordentlich empfindlich ist. W. werden an ihrem natürlichen Standort bis zu 600 Jahre alt und gehören zu den imposantesten heimischen Baumarten – das höchste je vermessene Exemplar maß knapp 70 m.
Die Umgangssprache trennt in der Regel nicht streng zwischen Tanne und Fichte, obwohl die botanischen Unterschiede erheblich sind. Meist wird die Bezeichnung Tanne sogar als Typbegriff für Tannen- und Fichtenarten verwendet. So genannter Tannenhonig geht auf die zuckerreichen, von Bienen eingesammelten Ausscheidungen von Blattläusen zurück, die an den Zweigen und Nadeln dieser Bäume saugen.

Edel-Tanne *Abies procera*

KIEFERNGEWÄCHSE

Merkmale: Immergrüner Nadelbaum bis 60 m Höhe, mit kegel- bis säulenförmiger Krone; Rinde anfangs glatt silbrig grau, später rissig und graubraun.
Nadeln 2–3,5 cm lang, stumpf, dicht spiralig, aufwärts gekrümmt, gescheitelt; grüngrau bis dunkelgrün, beidseits mit hellen Spaltöffnungsbändern.
♂ Blüten anfangs karminrot gefärbt, später zunehmend gelb; Blütezeit V–VI.
Zapfen groß, senkrecht auf stärkeren Ästen im Innern der Krone stehend; in der Reife hellbraun, mit helleren, weit herausragenden, zurückgebogenen Deckschuppen.
Standort: Feuchte Bergwälder in Höhenlagen zwischen 900 und 1800 m.
Verbreitung: Küstengebirge des westlichen N-Amerikas von Washington bis N-Kalifornien.
Wissenswertes: In M.-EU wird die E. selten forstlich, dagegen häufiger als dekoratives Parkgehölz verwendet. Besonders verbreitet ist die mit kräftig blaugrünen Nadeln ausgestattete 'Glauca'-Form. Die E. entwickelt die größten Zapfen aller Tannen, die zudem durch die weit zwischen den massiven Samenschuppen herausragenden Deckschuppen auffallen. In ihrer Heimat wird diese Art über 600 Jahre alt. Die umgangssprachlich und v. a. auf Weihnachtsmärkten oft als „Edeltanne" bezeichneten Bäume sind selten diese Art, sondern meist blaugrüne Gartenformen versch. Fichten-Arten.

♀

♂

Zapfen-Spindeln

Gewöhnliche Fichte *Picea abies*

Blütenstandsknospen, ♀

Merkmale: Immergrüner Nadelbaum, meist 30–50, ausnahmsweise bis 70 m hoch, mit regelmäßiger Krone und meist hängenden Ästen; Rinde kupferfarben bräunlich, fein geschuppt, löst sich nur wenig vom Stamm ab.
Nadeln 1–2,5 cm lang, starr, spitz, dunkelgrün, schraubig gestellt und meist wenig gescheitelt, im Querschnitt 4-kantig, allseits mit einem feinen, hellen Spaltöffnungsband.
♂ Blüten über die ganze Krone verteilt, erst rot, später gelb; ♀ Blütenstände nur im oberen Kronenbereich, rötlich, stehend; Blütezeit IV–V.
Zapfen hellbraun, herabhängend, bis 15 cm lang.
Standort: An Stellen mit lockerem, humosem, winterkaltem Boden in feuchtem Klima, oft in Reinbeständen oder in gemischten Gesellschaften; Flachwurzler; wichtiger Rohhumusbildner.
Verbreitung: In mehreren Formen von M.-EU bis O-Asien; europäische Rasse im Alpen- und Voralpenraum, Schwarzwald, Harz, Thüringer Wald, Schweizer Jura und Bayerischen Wald sowie in den Karpaten, in Skandinavien und N-Russland beheimatet. Durch forstlichen Anbau ist die G. F. heute auch weit außerhalb ihres natürlichen Areals verbreitet.
Wissenswertes: Die wegen ihrer kupferbraunen Rinde auch Rot-Fichte oder „Rottanne" genannte Art ist heute in M.-EU der am weitesten verbreitete und mit Abstand häufigste Baum sowie einer der wichtigsten Nutzholzlieferanten. Als relativ anspruchslose Art gedeiht er auch auf verarmten Böden. Seine weite Verbreitung verdankt er den umfangreichen Aufforstungen, die man im frühen 18. Jh. auch in den nördlichen Mittelgebirgen unternahm, um die durch Übernutzung ruinierten Wälder durch neue Bestände zu ersetzen. Das helle Fichtenholz verwendet man häufig im Haus- und Möbelbau, die Abfälle für Spanplatten sowie zur Zellstoffgewinnung für die Papierindustrie.
Die G. F. wird meist um die 200 Jahre, in den Alpen auch bis zu 400 Jahre alt. Mit teilweise über 50 m Wuchshöhe gehört sie zu den höchsten heimischen Baumarten. Im O ihres natürlichen Verbreitungsgebiets wird sie von der sehr ähnlichen **Orient-** oder **Kaukasus-Fichte** *Picea orientalis* abgelöst.
Nach dem Abnadeln bleiben bei den Fichten im Unterschied zu den Tannen immer winzige, vorragende Schuppen stehen, sodass sich die kahlen Zweige rau wie eine Feile anfühlen.
Der Fichtenzapfen ist nichts anderes als ein weiblicher Blütenstand. Jede Einzelblüte besteht aus einem flachen Fruchtblatt, das später zur kompakten Samenschuppe verholzt, sowie aus ihrem häutig bleibenden Tragblatt, der Deckschuppe. Sowohl bei den Fichten wie bei den Tannen sind die beiden auch im Reifezustand gut voneinander zu unterscheiden, während sie bei anderen Nadelhölzern (z. B. Kiefern) zu einer einheitlichen Zapfenschuppe verwachsen. Die ausgesprochen fettreichen Samen, die sich aus den Zapfen lösen und mit ihrem häutigen Flügel als Drehschraubenflieger langsam zu Boden sinken, sodass der Wind sie weit verfrachten kann, stellen eine wichtige Nahrung für Waldtiere dar.

Europäische Lärche *Larix decidua*

KIEFERNGEWÄCHSE

Merkmale: Bis zu 40 m hoher, sommergrüner Nadelbaum mit schlanker, anfangs kegelförmiger, später säulenförmiger Krone und ziemlich dichtem, regelmäßigem Geäst; Rinde graubraun getönt, zunächst glatt, im Alter dann tief rissig geschuppt.

Nadeln weich, schlank, unterseits mit vortretender Mittelrippe, 2–3 cm lang; zu 20–40 in Kurztrieben oder einzeln und dicht an den Langtrieben stehend; im Austrieb hellgrün, später dunkler grasgrün; nicht stechend, auf der Unterseite mit 2 helleren Spaltöffnungsbändern.

Blüten einhäusig verteilt; ♂ Blüten zumeist an den 2-jährigen Kurztrieben stehend; ♀ Blütenstände aufrecht, kräftig karminrot gefärbt, erscheinen im Frühjahr bereits vor den Nadeln an mindestens 3-jährigen Kurztrieben; Blütezeit III–IV.

Zapfen bis zu 2,5 cm breit und 5 cm lang, unreif purpurn-grün, Deckschuppen nicht sichtbar, Rand der Samenschuppen wenig oder gar nicht umgebogen; bleiben mehrere Jahre an den Zweigen stehen und fallen dann mit den Zweigen ab.

Standort: Auf kalkhaltigen oder mäßig sauren Böden im winterkalten Klima nahe der Waldgrenze im Hochgebirge.

Verbreitung: Bestandsbildend oder in Mischbeständen in den Zentralalpen, den Sudeten und der Tatra, in O-Polen auch im Tiefland. Durch Forstkultur weit über das natürliche Areal hinaus überall in EU verbreitet.

Wissenswertes: Die Lärche ist der einzige heimische Nadelbaum, der nach herbstlichem Farbenzauber mit kräftigem Goldgelb seine Nadelblätter einzeln abwirft. Außer in Forstkulturen sieht man Lärchen auch sehr häufig als Parkgehölze. Sie vertragen jedoch das von Abgasen belastete Klima der Städte und Industrieregionen nicht.

Das im Kern rötliche Holz der E. L. ist sehr beständig und wurde früher viel im Wasserbau verwendet. Heute sind Lärchenholzfurniere sehr gefragt.

Wald-Kiefer, Föhre *Pinus sylvestris*

KIEFERNGEWÄCHSE

junger Zapfen

Merkmale: Immergrüner Nadelbaum bis 30 m, selten bis 40 m Höhe; Krone anfangs kegelförmig, später unregelmäßig abgeflacht und schirmartig ausgebreitet; Stamm unter dem Kronenabschnitt gerade, oben oft gekrümmt.

Rinde rot- bis orangebraun, im unteren Stammbereich in größere, dunkel braungraue Platten mit tiefen, schwärzlichen Rissen zerteilt.

Nadeln 3–8 cm lang, blau- oder graugrün, manchmal leicht schraubig gedreht, kurz zugespitzt, nicht besonders steif, am Rande fein gezähnt; je 2 pro Kurztrieb, bleiben meist 2–3 Jahre am Zweig.

Blüten einhäusig verteilt; ♂ Blüten hellgelb, zahlreich in Büscheln beieinander stehend; ♀ Blütenstände hellrot bis purpurrot, meist zu 2 am oberen Ende von Langtrieben; Blütezeit IV–V.

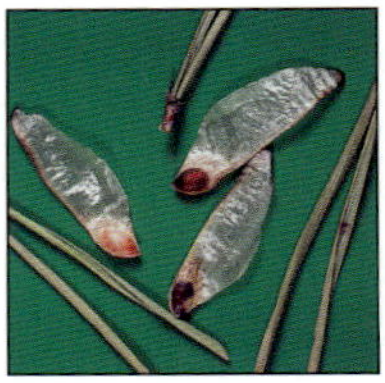

Zapfen bis zu 5 cm breit und 8 cm lang, unreif grünlich, reif (erst im 2. Jahr) dunkelbraun; geöffnet mit zurückgebogenen, weit klaffenden Schuppen.

Standort: Vorzugsweise auf mäßig trockenen Lockerböden, auf Lehm-, Sand- und Kalkböden oft bestandsbildend; in den Nordalpen bis in 1600 m, in den Zentralalpen bis in 2200 m Höhe.

Verbreitung: Europ. Hoch- und Mittelgebirge, schottisches Hochland, Skandinavien, N-Türkei, Zentral- und O-Asien; in D v. a. im NO, im Münsterland und Oberrheingebiet; durch forstlichen Anbau weit über ihr natürliches Areal hinaus verbreitet.

Wissenswertes: Die auch Gewöhnliche Kiefer oder Wald-Föhre genannte Art zeigt das größte geschlossene Verbreitungsgebiet ihrer Gattung und lässt zwischen SW-EU und O-Asien mehrere geographische Rassen unterscheiden.

Gewöhnliche Eibe *Taxus baccata*

Samen mit rotem Samenmantel

Merkmale: Immergrüner Nadelbaum bis zu 15 m Höhe mit anfangs breit kegelförmiger, später dann zunehmend offener und unregelmäßig geformter Krone, frei stehende Bäume häufig schon vom Boden weg mehrstämmig; Rinde tief gefurcht oder fetzenartig zerrissen, mit graubrauner Schuppenborke.

Nadeln 2–4 cm lang und bis zu 3 mm breit, abgeflacht, biegsam, ledrig, spitz, an aufrechten Zweigen schraubig angeordnet, sonst 2-zeilig gescheitelt, oberseits glänzend dunkelgrün, unterseits einheitlich hellgrün, Spaltöffnungsbänder nicht besonders auffällig, vortretende Mittelrippe immer deutlich erkennbar.

Blüten zweihäusig verteilt; ♂ Blüten kugelig bis oval, zahlreich an der Unterseite vorjähriger Zweige, beim Stäuben hellgelb; ♀ Blüten einzeln, unauffällig bräunlich gelb; Blütezeit II–III.

Samen einzeln, zugespitzt, bläulich schwarz, zur Reifezeit von einem fleischigen, leuchtend karminroten Samenmantel umgeben.

Standort: Tiefgründige, lockere, nährstoffreiche Böden; nie im Reinbestand, sondern immer einzeln oder gruppenweise im Unterwuchs von Buchen- und Mischwäldern, von der Ebene bis in etwa 1500 m Höhe.

Verbreitung: Portugal, W-Frankreich, Britische Inseln, S-Skandinavien, Baltikum, mitteleuropäische Mittelgebirge, Alpen, Karpaten, Korsika, Sardinien und nördlicher Balkan, ferner in Verbreitungsinseln im nördlichen Kleinasien sowie im Kaukasus. **RL, §!**

Wissenswertes: Alle Teile der Pflanze mit Ausnahme des Samenmantels sind stark giftig: Sie enthalten verschiedene nervenwirksame Alkaloide. Insbesondere für Pferde sind Eibenzweige überaus schädlich, während Rinder und andere Pflanzen fressende Haustiere weniger empfindlich auf das Gift reagieren. Der fleischig schleimige Samenmantel schmeckt süßlich, allerdings mit stark kratzendem Beigeschmack. Von Drosseln und verschiedenen Kleinsäugern wird er dennoch mit Vorliebe verzehrt.

Anders als bei den Zypressen und Lebensbäumen führen die Nadeln der Eiben keine Harzkanäle und verströmen daher beim Zerreiben auch keinen aromatischen Duft. Die ♀ Blüten enthalten nur eine einzige Samenanlage und sind nicht wie etwa bei den Kieferngewächsen als Blütenstände mit Deck- und Samenschuppen aufgebaut. Streng genommen zählen die Eiben demnach zwar zu den Nadelhölzern, aber nicht zu den Koniferen (Zapfenträgern).

Eiben können über 1000 Jahre alt werden. In den heutigen Wirtschaftswäldern sind sie jedoch überaus selten. Die ältesten Eiben in D finden sich im Allgäu. Auffallend dickstämmige, meist als Naturdenkmäler geschützte Exemplare sind zumeist aus der Verwachsung mehrerer Einzelstämme hervorgegangen. Wesentlich häufiger als in freier Natur sieht man Eiben in Parks und Gärten. Außer den offenkronig wachsenden Formen gibt es auch mehrere Sorten mit kompakter Säulengestalt sowie zwergwüchsige Rassen. Aus dem harten und sehr elastischen Holz fertigte man früher vor allem Armbrüste, Bögen und Speere, später auch Werkzeugstiele und Furniere.

Hainbuche, Weißbuche *Carpinus betulus* BIRKENGEWÄCHSE

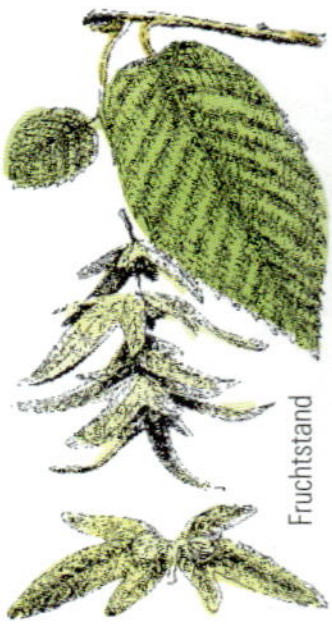

Merkmale: Sommergrüner Baum bis 25 m Höhe mit reich verzweigter, anfangs pyramidaler, im Alter hingegen breiter, rundlicher Krone; Stamm oft mit ovalem Querschnitt und bei älteren Exemplaren stärker gedreht oder auffallend wulstig; Rinde glatt, dunkelgrau getönt, mit flachem, hellerem Netzwerk gefeldert; Winterknospen liegen den Zweigen eng an.
Blätter wechselständig, gestielt, 4–10 cm lang, schmal eiförmig mit kurzer Spitze, doppelt gesägt, Spreite ziehharmonikaartig gefaltet, kahl, beidseits frischgrün, vor dem Laubfall gelblich.
Blüten einhäusig verteilt; mit dem Laub erscheinend; ♂ Kätzchen bis 7 cm lang, schlaff, an Kurztrieben; ♀ Kätzchen an Langtrieben, mit lockeren, bleichgrünen Tragblättern; Blütezeit IV–V.
Früchte als kleine Nussfrüchte ausgebildet, die an der Basis eines 3-lappigen Flugorgans sitzen.
Standort: Vorzugsweise auf frischen, tiefgründigen, nährstoffreichen, humosen Böden.
Verbreitung: Von den Pyrenäen über das gesamte M.-EU und S-Skandinavien bis nach W-Asien; in D vom Tiefland bis auf rund 1000 m im Gebirge.
Wissenswertes: Die manchmal auch Hagebuche genannte H. erträgt regelmäßigen Schnitt und eignet sich daher gut für dichte Heckenpflanzungen. Außerdem regeneriert sie sich leicht durch Stockausschläge und wird deswegen auch in der Niederwaldwirtschaft eingesetzt. Das helle Holz (Weißbuche!) ist sehr leicht, reißt beim Trocknen jedoch stark auf und wird daher kaum als Bauholz oder für die Möbelherstellung verwendet.

Gewöhnlicher Walnussbaum *Juglans regia* WALNUSSGEWÄCHSE

Blatt unpaarig gefiedert, insg. 20–40 cm lang

Merkmale: Sommergrüner Baum bis 25 m Höhe mit breiter, gewölbter Krone; Stamm meist schon in geringer Höhe in mehrere Äste gegabelt; Rinde anfangs glatt und grau, später tiefrissig und braungrau.
Blätter wechselständig, mit 5–9 etwas ledrig derben Fiederblättern, die bis zu 12 cm lang sind und beim Zerreiben unangenehm nach Terpentin riechen.
Blüten einhäusig verteilt; ♂ Blüten in 3–10 cm langen, abwärts gekrümmten, gelbgrünen Kätzchen; ♀ Blüten unauffällig, hellgelb, an den Enden jüngerer Zweige sitzend; Blütezeit IV–V; Reife der grünen Steinfrüchte ab X.
Standort: Vorzugsweise auf tiefgründigen, nährstoffreichen und kalkhaltigen Böden.
Verbreitung: Ursprünglich nur vom Balkan bis SW-Asien; seit der Römerzeit auch nördlich der Alpen weit verbreitet und oft als Zier- oder Fruchtbaum gepflanzt; heute auch in den USA gepflanzt.
Wissenswertes: Botanisch gesehen ist eine Walnuss keine Nuss, sondern der verholzende Kern einer Steinfrucht mit fleischiger, grüner Schale. Der essbare Teil ist der ölreiche Samen. Das braunrote, dunkel gemaserte Holz wird zu Furnieren verarbeitet.

Ähnlich:
Schwarznuss *Juglans nigra*, Blätter lang, mit 9–17 Fiedern, die jeweils 5–11 cm lang und unterseits flaumig behaart sind, Endfieder mitunter fehlend. Heimat östliches N-Amerika; bei uns gelegentlich angepflanzt.

Rot-Buche, Gewöhnliche Buche *Fagus sylvatica* BUCHENGEWÄCHSE

Merkmale: Sommergrüner, 20–30 m hoher Baum mit breiter, rundlicher, ziemlich regelmäßiger Krone. Rinde auch bei alten Exemplaren glatt oder wenig aufgeraut, bleigrau, an den Zweigen dunkel rötlichbraun mit einzelnen helleren Korkwarzen.
Blätter wechselständig, gestielt, länglich elliptisch, 5–10 cm lang, 4–7 cm breit, mit 5–7 starken Seitennerven jederseits der Hauptrippe, an der Basis keilförmig, am Rand leicht gewellt, nach dem Austrieb lang weißlich bewimpert, oberseits glänzend dunkelgrün, unterseits auf den Hauptnerven leicht behaart (Lupe!).
Blüten einhäusig verteilt, mit der Belaubung erscheinend; ♂ Blütenstände lang gestielt, halbkugelig; ♀ Blüten zu jeweils 2 in kurz gestielter, grüner Hülle; Blütezeit IV–V.
Nussfrucht (= Buchecker) rund 2 cm lang, glänzend dunkelbraun, zu 2–4 in einer 4-klappigen, verholzten, stacheligen Hülle sitzend.
Standort: Basische oder mäßig saure, frische, nährstoffreiche, tiefgründige Böden; nicht in Gebieten mit starker sommerlicher Trockenheit; vom Tiefland bis in etwa 1500 m Höhe; Leitart der Buchenwälder.
Verbreitung: Von N-Spanien über das gesamte M.-EU und S-Skandinavien bis zum Schwarzmeergebiet, im südlichen EU überwiegend im Bergland.
Wissenswertes: Im Frühjahr fallen in den Buchenwäldern die Keimpflanzen der R. mit ihren beiden

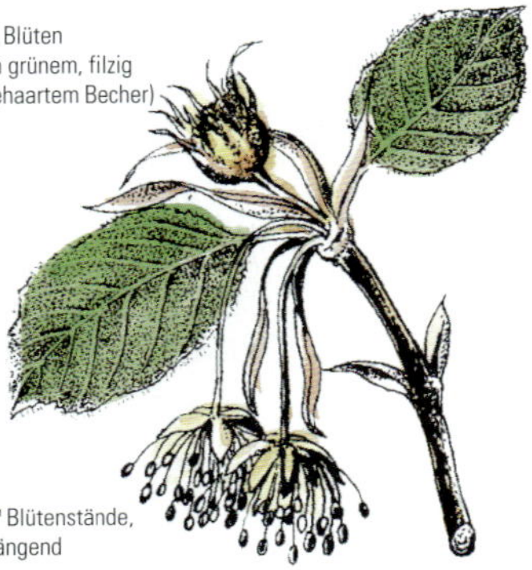

großen, halbrunden Keimblättern auf. Die Bucheckern keimen als Dunkelkeimer nur unter der Laubstreu. Ihr fettes Öl ist reich an ungesättigten Fettsäuren und gilt daher als wertvolles Speiseöl. Das feste, im Unterschied zur helleren Hainbuche leicht rötliche Holz (namengebendes Merkmal) verwendet man traditionell für Möbel, im Hausbau (Treppenstufen, Parkettriegel) und zur Herstellung von Musikinstrumenten (Klavier, Orgel). Früher wurde die R. fast ausschließlich zur Brennholzgewinnung genutzt.
Eine häufig gepflanzte rotlaubige Gartenform ist unter der Bezeichnung „Blutbuche" bekannt. Auf den Blättern finden sich häufig die rötlichen Gallen der Buchengallwespe.

Ess-Kastanie, Edel-Kastanie *Castanea sativa* BUCHENGEWÄCHSE

Merkmale: Sommergrüner, bis über 30 m hoher Baum mit breiter, dichter Krone u. dickem Stamm. Rinde anfangs glatt rötlich grau bis braun, später dunkelbraun mit dichtem Netzwerk starker Leisten. Blätter wechselständig, häufig auch 2-zeilig ausgebreitet; 10–30 cm lang, länglich lanzettlich, an der Basis breit keilförmig, schlank zugespitzt, mit groben, nach vorn weisenden Zähnen, in die jeweils ein kräftiger Seitennerv ausläuft; oberseits glänzend dunkelgrün, unterseits blasser grün; Blattspreite ledrig, unbehaart.
Blüten einhäusig verteilt; ♂ Blüten hellgelb, in kopfigen Teilblütenständen auf etwa 15 cm langen Kätzchen; ♀ Blütenstände in Gruppen zu 2–3 an der Basis der ♂ Kätzchen, mit dicht beblätterter Hülle, aus der die weißen Narben hervorragen; Blütezeit VI–VII.
Nussfrucht bis zu 3 cm lang, zu 1–3 in spitz und dicht bestacheltem Fruchtbecher aus den Tragblättern der Einzelblüten, öffnet sich mit 4 breiten Zipfeln; Fruchtreife ab IX.
Standort: Lichtliebend, auf lockeren, tiefgründigen, nährstoffreichen, oft kalkhaltigen Lehmböden sommerwarmer Gebieter.
Verbreitung: Ursprünglich nur von Spanien über den Südalpenraum bis zum Balkan und nach Kleinasien, in N-Italien bis in 1400 m Höhe. In wintermilden Gebieten von M.-EU auch in Parks.

Herbstfärbung

Keimlinge

♂
♀

Stiel-Eiche, Sommer-Eiche *Quercus robur*

BUCHENGEWÄCHSE

Eicheln lang gestielt, in vergleichsweise flachem Fruchtbecher

Merkmale: Sommergrüner, bis 40 m hoher Baum mit breiter, unregelmäßiger Krone; Stamm meist schon in geringer Höhe geteilt.
Rinde hellgrau bis braungrau, schon an jüngeren Bäumen in Leisten und Furchen gegliedert.
Blätter kurz gestielt bis fast sitzend, 10–12 cm lang, verkehrt eiförmig, jederseits mit 5–7 etwas ungleich rundlichen Lappen und Buchten, die nicht exakt gegenüberstehen (Unterschied zur Trauben-E.); oberseits matt dunkelgrün, unterseits heller.
Blüten einhäusig verteilt, kurz vor oder zusammen mit den Laubblättern; unscheinbar grünlich; ♂ Kätzchen 2–4 cm lang in Büscheln; ♀ Blüten klein, zu 1–5 in aufrechten Ähren; Blütezeit IV–V.
Früchte (Eicheln) eiförmig, bis zu 2 cm lang; mit dem unteren Drittel in schuppigem, lang gestieltem Fruchtbecher; reif rotbraun, frisch mit feinen, dunkelgrünen oder braunen Längsstreifen.
Standort: Frische, mäßig saure bis kalkhaltige, tiefgründige und lockere Böden vor allem in Flussniederungen, im Tiefland und im Hügelland.
Verbreitung: Von Portugal und N-Spanien über M.- und NW-EU bis S-Skandinavien, außerdem Apennin, nördlicher Balkan, Schwarzmeergebiet, Kaukasus; in D vom Tiefland bis in 1000 m Höhe.
Wissenswertes: Die Namen des Baums gehen auf seine lang gestielten Eicheln bzw. den im Vergleich zur Trauben-Eiche früheren Laubaustrieb zurück. Die S. kann bis etwa 1000 Jahre alt werden.

Hänge-Birke, Weiß-Birke
Betula pendula

BIRKENGEWÄCHSE

Merkmale: Sommergrüner, bis 20 m hoher Baum; Äste kurz, Zweige lang und schleierartig hängend, dunkel rotbraun.
Rinde am Stamm glatt, silbrig weiß, mit dunkleren Querbinden, im Alter an der Stammbasis mit tiefen, schwarzen Rissen.
Blätter wechselständig, lang gestielt, dreieckig mit schlanker Spitze, doppelt gesägt, kahl.
Blüten einhäusig verteilt; ♂ Kätzchen 3–6 cm lang, stäubend hellgelb; ♀ Kätzchen 2–3 cm lang, an den Zweigenden vor den ♂ Blütenständen, grünlich mit dunkelroten Narben; Blütezeit III–V; Nussfrucht 2–3 mm lang, häutig umrandet.
Standort: Lichte Laubgehölze, Gebüsche, Feldholzinseln, Waldlichtungen, Wegränder; anspruchslos, daher auch auf Roh- und Steinböden; in M.-EU eher Begleitart, im N von EU auch bestandsbildend.
Verbreitung: Ganz EU mit Ausnahme des hohen Nordens und der Südränder der mediterranen Halbinseln, in S-EU nur im Gebirge, in den Alpen bis in 1800 m Höhe; häufigste Birkenart in EU.

Zitter-Pappel, Espe
Populus tremula

WEIDENGEWÄCHSE

Merkmale: Sommergrüner Baum, bis zu 30 m hoch, mit rundlicher, weit ausladender Krone auf geradem Stamm.
Rinde anfangs grau mit Streifen aus Korkwarzen, später schwarzgrau und längsrissig.
Blätter lang gestielt, im Umriss fast kreisförmig, stumpf gezähnt; nur kurz nach dem Austrieb leicht behaart, sonst kahl; im Herbst goldgelb verfärbt.
Blüten zweihäusig verteilt; ♂ Blüten in schlaff herabhängenden, bis 10 cm langen, purpurroten Kätzchen; ♀ Kätzchen grünlich; Blütezeit III–IV; Fruchtreife ab V.
Standort: Auf nährstoffarmen Schutt- und Rohböden; häufiges Pioniergehölz in Kiesgruben, Steinbrüchen u. a. Lockerböden in sonniger Lage.
Verbreitung: Ganz EU von Portugal bis N-Skandinavien und Kleinasien, außer S-Italien; in M.-EU überall häufig, von der Ebene bis in 1000 m Höhe.

Berg-Ahorn *Acer pseudoplatanus*

Merkmale: Bis zu 40 m hoher, meist stattlicher Baum mit breiter, gewölbter Krone auf kräftigem Stamm; entwickelt sich vor allem im Freistand zu prächtigen Exemplaren.
Blätter gegenständig, mit langen, rötlichen Blattstielen, meist 5-lappig, die vorderen 3 Lappen ungefähr gleich groß, die beiden unteren manchmal nur angedeutet; auf der Oberseite dunkelgrün, auf der Unterseite graugrün, kahl.
Blüten gewöhnlich zwittrig, klein und unscheinbar gelblich grün, in hängenden, etwa 10 cm langen, vielblütigen Rispen, öffnen sich nach dem Laubaustrieb, nektarreich; Blütezeit IV–V.
Früchte 3–5 cm lange, geflügelte Nussfrüchte, die paarweise zusammenhängen und dabei ungefähr einen rechten Winkel einschließen; in einem hängenden Büschel beieinander stehend.
Standort: Meist in Buchenmischwäldern und schattigen Hangwäldern, im Gebirge bis zur Waldgrenze aufsteigend; wichtiger Waldbaum, aber selten in Reinbeständen.
Verbreitung: Überall in EU verbreitet; in mehreren Formen auch im Tiefland als Straßen- oder Parkbaum angepflanzt.

Wissenswertes: Die großflächigen, symmetrisch aufgebauten Blätter verfärben sich im Herbst goldgelb bis karminrot, insbesondere nach einigen kalten Oktobernächten.
Die geflügelten Früchte der Ahorne lösen sich nach der Reife einzeln aus dem Fruchtstand, fallen herab und beginnen dabei eine charakteristische, den freien Fall abbremsende Drehbewegung, weshalb man sie als Schraubenflieger bezeichnet. So können sie leichter vom Wind erfasst und verdriftet werden. Sie keimen im Frühjahr und bilden an Wegrändern oder im Parkrasen oft dichte Bestände. Die beiden einfachen, glattrandigen Keimblätter und das nachfolgende Blattpaar sehen noch völlig anders aus als die handförmigen Folgeblätter (kleines Foto oben).
Der Blütennektar sowie der nach Blattlausbefall reichlich gebildete Honigtau, die zuckerhaltigen Ausscheidungen der Blattläuse, werden von Bienen und Hummeln gern gesammelt.
Das harte, dauerhaft hell bleibende Ahornholz verwendet man unter anderem zu Schnitzereien, für Parkette und im Musikinstrumentenbau (vor allem für Gitarren und Violinen).

Ähnlich: **Rot-Ahorn** *Acer rubrum* (unten), die beiden unteren Blattlappen nur schwach angedeutet, Mittellappen groß; heimisch im atlantischen N-Amerika, in EU vor allem wegen des karminroten Herbstlaubs („Indian summer") gepflanzt.

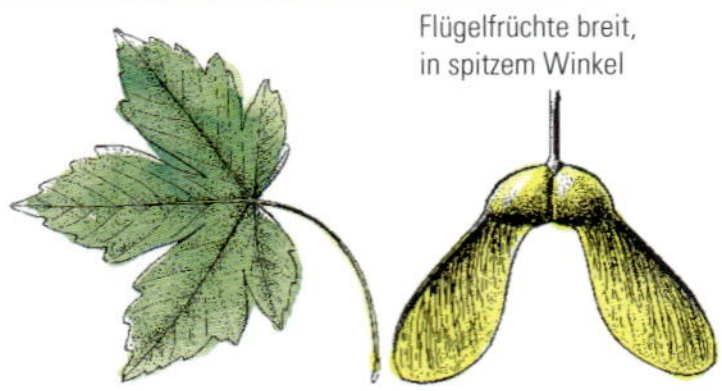

Griechischer Ahorn *Acer heldreichii* (oben), Blätter tiefer eingeschnitten als beim Berg-Ahorn, unterseits bläulich grün mit dichten, weißlich bräunlichen Haarbüscheln in den Winkeln der Blattnerven; Bergwälder des Balkans.

Herbstfärbung

Feld-Ahorn *Acer campestre*

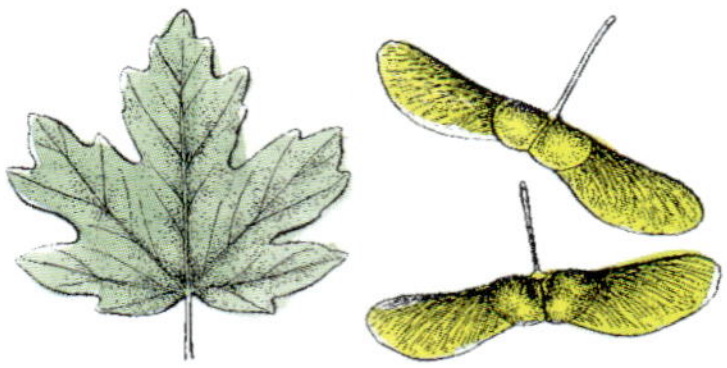

Merkmale: Sommergrüner, kleiner Baum bis zu 10 m Höhe (selten auch höher) mit breiter, rundlicher Krone auf niedrigem, meist gekrümmtem Stamm; mitunter auch mehrstämmiger Großstrauch; Rinde dunkel graubraun, anfangs glatt, später zunehmend rissig gefeldert, Zweige manchmal mit auffälligen Korkleisten; Knospen eiförmig, rötlich braun, vorn fein behaart.

Blätter gegenständig, Blattstiel mit Milchsaft, bis 6 cm lang, grün, Blattspreite 5–9 cm lang und meist etwas breiter, 5-lappig buchtig geteilt, an den Enden abgerundet, am Rand wenig gekerbt oder undeutlich gezähnt; oberseits matt dunkelgrün, unterseits heller, kahl.

Blüten erscheinen mit dem Laub, zu 10–25 in kurzen, abstehenden oder aufrechten Rispen, diese mit eingeschlechtigen oder zwittrigen Einzelblüten, nektarreich, gelblich grün; Blütezeit V.

Spaltfrucht aus 2 geflügelten Nüssen, die Flügel geradlinig zueinander im Winkel von 180 Grad.

Standort: Liebt frische bis feuchte, nährstoffreiche, mittelgründige Lehmböden, meist in Mischwäldern, Feldgehölzen oder Saumgebüschen, an Wegrändern und in Hecken.

Verbreitung: Von N-Afrika bis W-Asien, in M.-EU überall außer im N der Britischen Inseln und in Skandinavien; in D vor allem in der Mittelgebirgsregion, in den Alpen bis in etwa 1000 m Höhe; nur gelegentlich als Ziergehölz gepflanzt.

Wissenswertes: Der F. besitzt eine sehr gute Fähigkeit zum Stockausschlag und ist daher als Flur- oder Heckengehölz verbreitet. Der volkstümliche Name Maßholder (von „maß" = Matte, Wiese) geht darauf zurück. Mittelalterliche Steinmetze verwendeten seinen Blattumriss gern als Schmuckmotiv für Säulenkapitelle.

Spitz-Ahorn *Acer platanoides*

Merkmale: Sommergrüner, bis zu 30 m hoher Baum mit rundlicher, dichter Krone auf geradem, schlankem Stamm, oft auch von Grund an mehrstämmig; Rinde dunkel graubraun, anfangs glatt, später rissig mit feinen Leistenmustern, nicht abblätternd; Knospen länglich oval, ziemlich dick.

Blätter gegenständig; Blattstiel 3–20 cm lang, oberseits rötlich, enthält Milchsaft; Blattspreite 10–15 cm lang und ebenso breit, handförmig in 5–7 ungleich große Lappen geteilt, mit weiten Bögen und schlanken Spitzen; oberseits glänzend dunkelgrün, unterseits leicht bläulich, kahl, im Herbst kräftig goldgelb bis rötlich verfärbt.

Blüten lange vor dem Laub erscheinend, eingeschlechtige und zwittrige in der gleichen aufrechten, doldigen Rispe vereint, gelbgrün gefärbt, nektarreich; Blütezeit III–VI.

Früchte (Nussfrüchte) geflügelt, paarweise zusammenhängend, bilden einen stumpfen Winkel.

Standort: Auf frischen bis mäßig feuchten, nährstoffreichen und tiefgründigen Böden in Hang- und Schluchtwäldern; verträgt Halbschatten.

Verbreitung: Von S-Frankreich (Pyrenäen) bis zum Ural, fehlt in Großbritannien und auf den Mittelmeerinseln; in D vom Tiefland bis in etwa 1000 m Gebirgshöhe; außerhalb des natürlichen Verbreitungsgebiets häufig in Parks und Alleen angepflanzt und verwildert.

Wissenswertes: Als Nutzholz hat der S. wenig Bedeutung, als früher und starker Nektarproduzent ist er jedoch hoch geschätzt. Versuchsweise hat man aus den Stämmen wie bei nordamerikanischen Arten im Frühjahr Zuckersaft gewonnen. Die häufigen schwarzen „Tintenklekse" auf den Blättern werden von einem Pilz hervorgerufen.

Blütenstände

Gewöhnliche Rosskastanie *Aesculus hippocastanum*

Die Blüten an der Basis des Blütenstands sind zwittrig, die weiter oben rein männlich. Die beiden oberen der 5 weißen Kronblätter zeigen ein dunkleres Farbmal.

Merkmale: Sommergrüner, bis zu 25 m hoher Baum mit hoher, dichter, regelmäßiger Krone auf meist kurzem, gedrungenem, nicht selten etwas gedreht wachsendem Stamm; Rinde anfangs hellbraun und glatt, später zunehmend dunkel- bis schwarzbraun und in gröbere Platten gefeldert; Triebe fast fingerdick, bräunlich, mit helleren Korkwarzen besetzt; Endknospen auffallend groß, vor dem Austrieb stark klebrig.

Blätter gegenständig; Blattstiel bis zu 20 cm lang, grünlich, am Grund stark verbreitert, hinterlässt nach dem Laubfall eine große, dreieckige bis hufeisenförmige Blattnarbe; Spreite bis zu 25 cm lang und fast ebenso breit, handförmig gefiedert, die 5–7 Fiederblätter verkehrt eiförmig, breiteste Stelle im vorderen Drittel (Unterschied zur Rotblühenden Rosskastanie), an der Basis keilförmig, sitzend; oberseits dunkelgrün, im Herbst leuchtend goldgelb, zersetzen sich als Streu sehr rasch.

Blüten zahlreich in aufrecht stehenden, dichten Blütenständen (Scheinrispen); Blütezeit V.

Kapselfrüchte 5–6 cm dick, grünlich, dicht und kräftig bestachelt, mit 1–3 glänzend rotbraunen Samen, den allbekannten Kastanien.

Standort: Auf nährstoffreichen, frischen bis feuchten, lockeren Lehmböden in Bergwäldern.

Verbreitung: Ursprünglich nur im nördlichen Balkan, heute überall in EU sowie in N-Amerika angepflanzt und stellenweise eingebürgert.

Wissenswertes: Die weiß blühende G. R. gelangte um 1570 von Konstantinopel nach Wien. Daher vermutete man lange Zeit die Türkei als Heimat dieser Baumart. Erst 1879 hat man die natürlichen Vorkommen in N-Griechenland entdeckt. Wegen ihrer stattlichen Blütenstände wurde die leicht zu kultivierende und rasch wachsende G.R. schon bald überall in EU als Parkbaum angepflanzt. Sie ist heute das typische Gehölz von Dorfplätzen, Stadtparks, Schulhöfen und Biergärten und damit solchermaßen populär, dass ihre fremdländische Herkunft gar nicht mehr wahrgenommen wird.

Seinen Namen erhielt der Baum nach seiner traditionellen Verwendung als Heilpflanze: In der Türkei sollen damit Hustenerkrankungen von Pferden kuriert worden sein. Reife Kastanien sind leicht giftig. Sie enthalten Saponine und Flavonglykoside, die zur Behandlung von Gefäßerkrankungen eingesetzt werden.

Die auffälligen Blüten zeigen eine interessante blütenökologische Anpassung: Gleich nach dem Aufblühen, solange sie Nektar bilden, weisen sie ein hellgelbes Farbmal auf. An den folgenden Tagen versiegt die Nektarproduktion und zugleich verfärbt sich das Farbmal über Ziegelrot nach Tiefpurpurn. Sobald das Signal gleichsam auf Rot steht, fliegen keine Insekten (meist Bienen oder Hummeln) die Blüten mehr an.

Ähnlich:

Die **Rotblühende Rosskastanie** *Aesculus × carnea* ist eine Kreuzung aus der meist strauchförmig wachsenden, leuchtend rot blühenden nordamerikanischen Pavie *(Aesculus pavia)* und der Gewöhnlichen Rosskastanie. In der Regel dient letztere als Unterlage zur Veredelung.

Knospen grünlich grau, Blätter derb, dunkelgrün, mit kurz gestielten Fiedern, die jeweils in der Mitte am breitesten und am Rand gekerbt sind; Blüten in langen, aufrecht stehenden Rispen, uneinheitlich fleischrot, Blütezeit VI; Fruchtkapseln entweder mit nur ganz wenigen oder überhaupt keinen Stacheln; in EU oft in Parks oder an Straßenrändern angepflanzt.

Sommer-Linde *Tilia platyphyllos*

LINDENGEWÄCHSE

Merkmale: Sommergrüner, bis zu 40 m hoher Baum mit breiter, rundlicher Krone auf langem, geradem Stamm; Rinde anfangs dunkel braungrau mit feinem Netzwerk, später borkig mit dichten Rippen und Leisten.

Blätter wechselständig, 3–5 cm lang gestielt, Blattspreite 7–12 cm lang und fast ebenso breit, leicht herzförmig, mit schlanker Spitze, kerbig gezähnt, oberseits matt frischgrün, unterseits etwas blasser, mit weißen Haarbüscheln in den Winkeln der Hauptnerven (Unterscheidungsmerkmal zur Winter-Linde).

Blüten nach dem Laub erscheinend, zu 2–6 in hängenden Rispen, Achse von der Mitte bis zur Basis mit dem Tragblatt verwachsen; Blütenhülle gelblich weiß, 20–25 Staubblätter; Blütezeit VI.

Früchte (Nussfrüchte) kugelig, um 1 cm dick, derb, graufilzig, mit 3–5 deutlichen Längsrippen.

Standort: Sickerfrische, nährstoff- und basenreiche Böden in krautreichen Schluchtwäldern.

Verbreitung: Von SW- über M.- bis nach SO-EU, fehlt von Natur aus nur auf den Britischen Inseln und in Skandinavien, dort wie in anderen Gebieten eingebürgert; häufig als Forst-, Park- oder Straßenbaum angepflanzt.

Wissenswertes: Die S. bildet keine zusammenhängenden Reinbestände wie Buchen oder Eichen, sondern tritt gewöhnlich nur als Begleitart in verschiedenen Waldgesellschaften auf. Wegen ihrer beeindruckenden Kronenform pflanzt man sie schon lange auf Plätzen und Alleen an. Sie kann bis etwa 1000 Jahre alt werden.

Das gelblich weiße, ziemlich weiche und biegsame Holz ist wegen seiner gleichmäßigen Struktur hervorragend zu bearbeiten und wird deswegen gern für Holzbildwerke, Schnitzarbeiten und den Musikinstrumentenbau herangezogen.

Die Lindenblüten werden in medizinischen Tees als Hausmittel gegen fiebrige Erkältungskrankheiten verwendet.

Winter-Linde *Tilia cordata*

LINDENGEWÄCHSE

Merkmale: Sommergrüner, großer Baum bis 30 m Höhe mit dichter, breiter Krone auf geradem Stamm.

Blätter wechselständig, 2–5 cm lang gestielt, Blattspreite rundlich herzförmig, bis zu 8 cm lang und fast ebenso breit, gesägt; oberseits dunkelgrün, unterseits bläulich, mit bräunlichen Haarbüscheln in den Winkeln der Hauptnerven (Unterscheidungsmerkmal zur Sommer-Linde).

Blüten nach dem Laub erscheinend, zu 4–12 in hängenden Rispen, Kelch- und Kronblätter weißlich, 20–25 Staubblätter; Blütezeit VI–VII, später als bei der Sommer-Linde.

Früchte (Nussfrüchte) kugelig, etwa 6 mm dick, dünnschalig, meist kahl, ohne hervortretende Rippen oder nur schwach kantig.

Standort: Frische, basenreiche, tiefgründige Böden, vor allem in Eichenwaldgesellschaften; gelegentlich in Reinbeständen.

Verbreitung: In EU weit verbreitet, von SW-EU (Pyrenäen) bis zum Ural, in Skandinavien nur im südlichen Teil, fehlt in Irland und Schottland, auf dem S-Balkan und den großen Mittelmeerinseln; in D vom Tiefland bis ins Gebirge, in den Alpen bis in 1500 m Höhe; häufig als Straßen- oder Parkbaum angepflanzt.

Wissenswertes: Das natürliche Areal der W. ist mehr als doppelt so groß wie das der Sommer-Linde und reicht im NO und O weit in kontinentale Klimagebiete hinein. Nur in wenigen Gegenden in D gibt noch es größere Reinbestände, sonst ist sie wirtschaftsbedingt aus unseren Wäldern verdrängt worden. Nur im Freistand entwickelt sie ihre malerische Kronengestalt, im Wald bleibt die Krone eher schmal.

Linden reagieren empfindlich auf Luftverschmutzung und verschwinden daher immer mehr aus dem Bild der Dörfer und Städte – obwohl sie von Natur aus über 1000 Jahre alt werden können. Mit ihrer tief reichenden Herzwurzel ist die Linde gegen Windwurf recht stabil.

Schwarz-Erle

Alnus glutinosa BIRKENGEWÄCHSE

Laubblatt mit Einbuchtung am Vorderende; beiderseits der Mittelrippe 5–8 gegenständige Nerven.

Merkmale: Sommergrüner, bis 25 m hoher Baum, oft mehrstämmig wachsend.
Blätter wechselständig, gestielt, breit keilförmig, vorn meist eingebuchtet; oberseits glänzend dunkelgrün, unterseits gelbliche Haarbüschel.
Blüten einhäusig verteilt; ♂ Kätzchen zu 2–3 beieinander, anfangs purpurn, beim Stäuben dann hellgelb, 6–10 cm lang; ♀ Kätzchen purpurn, zu 2–8 unterhalb der ♂ Kätzchen. Blütezeit II–IV.
Fruchtstände zapfenartig, oval.
Standort: Auen- und Lehmböden, auch auf Sand, sowie in Moor- und Nasswiesen; häufiges Saumgehölz an Bachufern.
Verbreitung: Überall in EU mit Ausnahme des nördlichen Skandinaviens; in den Alpen nur selten oberhalb von 1200 m.

Gewöhnliche Esche *Fraxinus excelsior*

ÖLBAUMGEWÄCHSE

Merkmale: Sommergrüner, bis zu 40 m hoher Baum. Rinde anfangs hellgrau und glatt, später borkig und längsrissig; Winterknospen spitz, tiefschwarz gefärbt. Blätter gegenständig, unpaarig gefiedert, die 9–13 Fiedern oval länglich, spitz, gezähnt, oberseits mattgrün, unterseits heller und entlang der Mittelrippe rotbraun behaart. Blüten ein- oder zweihäusig verteilt, vor dem Laub erscheinend, zwittrig oder eingeschlechtig, unscheinbar grünlich, in Rispen; Blütezeit IV. Nussfrüchte schmal geflügelt, hellbraun, als Wintersteher lange am Baum, vom Wind als Drehschraubenflieger verdriftet.
Standort: Sickerfrische, nährstoffreiche Böden in Bach- und Flussauen sowie in Schluchtwäldern; Lichtholz.
Verbreitung: Fast in ganz EU außer in großen Teilen der Iberischen Halbinsel und Skandinaviens, im S nur im Gebirge, im O bis zum Schwarzen Meer; häufig als Park- oder Straßenbaum.
Wissenswertes: Das helle Holz verarbeitet man zu Furnieren, Sportgeräten und Biegeformteilen.

Gewöhnl. Traubenkirsche

Prunus padus ROSENGEWÄCHSE

Merkmale: Sommergrüner, bis 15 m hoher Baum, seltener auch Großstrauch; Rinde schwarz.
Blätter wechselständig, gestielt, elliptisch, zugespitzt, an der Basis rundlich mit 1–3 grünlichen Nektardrüsen, matt dunkelgrün, meist kahl.
Blüten mit dem Laub erscheinend, meist zu 20–40 in 7–12 cm langen, oft hängenden oder abwärts gebogenen Trauben; geöffnet bis zu 2 cm breit, Kronblätter reinweiß, fein gezähnt, Blütezeit IV–V.
Steinfrucht kugelig, etwa 8 mm dick, schwarzrot.
Standort: Feuchtes Schwemmland in Talauen mit tiefen, nährstoffreichen Böden. Schattenholz.
Verbreitung: Fast in ganz EU, stellenweise lückenhaft; ferner in Vorder- und O-Asien; vielfach als Park- und Straßenbaum; im Gebirge (in den Alpen bis 1600 m) meist strauchförmig.
Wissenswertes: Die Früchte schmecken frisch leicht bitter, man kann sie aber als Wildobst zu Marmeladen oder Säften verarbeiten. Schon die Menschen der Steinzeit verzehrten sie, wie Steinkernfunde belegen.

Eberesche, Vogelbeere

Sorbus aucuparia ROSENGEWÄCHSE

Merkmale: Sommergrüner, meist kleiner Baum bis zu 15 m, selten auch bis 20 m Höhe.
Rinde graubraun, später mit Korkwarzen-Leisten.
Blätter wechselständig, bis zu 3 cm lang gestielt, unpaarig gefiedert, bis zu 20 cm lang und 11 cm breit; 9–17 Fiederblättchen, diese bis zu 6 cm lang und 2 cm breit, nur an der Basis (höchstens im unteren Viertel) ganzrandig, zur Spitze scharf gezähnt, oberseits fast kahl, unterseits oft behaart.
Blüten rund 1 cm breit, zahlreich in flachen Schirmrispen; Kronblätter cremeweiß; Blütezeit V–VI, gelegentlich auch IX.
Früchte ihrem Aufbau nach Apfelfrüchte, kugelig, bis zu 8 mm dick, in der Reife korallenrot; essbar, mitunter jedoch bitter.
Standort: Nährstoffreiche, frische Lehm- und Steinböden; Licht liebendes Gehölz.
Verbreitung: Von N-Spanien bis zum Kaukasus, fehlt in S-EU; in D vom Tiefland bis in die Alpen in etwa 2000 m Höhe; häufig als Ziergehölz in Parks und Gärten oder als Straßenbaum.

Gewöhnliche Hasel, Wald-Hasel *Corylus avellana* BIRKENGEWÄCHSE

Merkmale: Großer, meist recht breitwüchsiger Strauch, 2–6 m hoch, Triebe feinfilzig und rotbraun drüsig behaart; Rinde älterer Äste glänzend dunkelbraun mit helleren Korkwarzen.

Blätter wechselständig, kurz gestielt, 7–10 cm lang und bis zu 6 cm breit, im Umriss rundlich bis verkehrt-oval, mit schlanker Spitze und leicht schiefem Blattgrund, doppelt gesägt und schwach gelappt, unterseits besonders auf den Hauptnerven behaart.

Blüten einhäusig verteilt, erscheinen lange vor dem Laubaustrieb, ♂ Blüten zahlreich in hellgelben, 3–8 cm langen Kätzchen, ♀ Blüten in wenig verdickten Knospen verborgen, mit 1–2 mm langen, intensiv karminroten Narben; Blütezeit I–IV.

Nussfrüchte in einer anliegenden, bleichgrünen Hülle, die kaum länger ist als die Nuss selbst; Fruchtreife ab IX.

Standort: Mäßig trockene Stellen im Saum von Wäldern, in Gebüschen, Feldgehölzen und entlang von Fließgewässern, vom Tiefland bis in etwa 1400 m Höhe in den Alpen, im Schwarzwald nur bis 1350 m. Die früher allgemein üblichen forstwirtschaftlichen Betriebsformen der Nieder- und Mittelwaldbewirtschaftung haben die Verbreitung der Art stark gefördert.

Verbreitung: In EU von Skandinavien und den Orkney-Inseln bis zum Balkan weit verbreitet; häufig angepflanzt und auch gärtnerisch verwendet, u. a. als Korkenzieher-Hasel mit bizarr gewundenen Zweigen (Strahlenmutante).

Wissenswertes: Haselnüsse spielten, wie Funde ausweisen, schon bei den Menschen der Steinzeit eine bedeutende Rolle. Später verwendete man Haselzweige als Wünschelrute oder als Schutz gegen Blitzschlag. Haselnussöl ist ein wertvolles Speiseöl, das reich an ungesättigten Fettsäuren ist. Außerdem nimmt man es gern zum Anrühren von Malfarben, da es nach dem Aushärten nicht nachdunkelt.

Als Frühestblüher ist die G. H. eine wichtige Bienenfutterpflanze, die große Mengen proteinreicher Pollen liefert. Die Bienen fliegen an wärmeren, sonnigen Wintertagen allerdings nur die ♂ Kätzchen an und leisten keine Bestäubung. Die Pollenübertragung auf die ♀ Blüten, die weder duften noch Nektar anbieten, übernimmt in jedem Fall der Wind. Die G. H. ist zudem bedeutsam als Nistgehölz und Nahrungslieferant für Vögel und Kleinsäuger. Eichelhäher, Tannenhäher und Eichhörnchen verbreiten die Art durch ihre vergessenen Depots. Die Nuss bleibt nur bis zum folgenden Frühjahr keimfähig. Ihre Keimung erfolgt unterirdisch, der Samen sprengt dabei die harte Schale.

Ähnlich: Die in SO-EU und Kleinasien beheimatete **Lamberts-Hasel** oder **Lambertsnuss** *Corylus maxima* trägt bis zu 15 cm lange und fast ebenso breite, nur kurz gestielte Blätter. Ihre ♂ Kätzchen erreichen 10 cm Länge. Die bis zu 2,5 cm lange Nussfrucht steckt in einer samtig behaarten, röhrenförmigen, tütenartig geschlossenen und vorn verengten Fruchthülle. Sie liefert die marktüblichen und in mehreren Fruchtsorten angebotenen Haselnüsse und ist auch in M.-EU an vielen Stellen in Kultur. In Parks und Gärten sieht man häufig eine als **Blut-Hasel** bezeichnete Varietät (*C. maxima* var. *purpurea*, siehe Bild) mit dekorativen, tief schwarzroten Blättern.

Roter Hartriegel *Cornus sanguinea*

HARTRIEGELGEWÄCHSE

Merkmale: Sommergrüner, mittelgroßer Strauch oder kleiner Baum, bis 5 m hoch; Triebe dicht behaart; Lichtseite der Zweigrinde gerötet. Blätter 4–8 cm lang, elliptisch, zugespitzt, mit meist 3 Bogennervenpaaren, glattrandig, im Herbst weinrot. Blüten erscheinen nach dem Blattaustrieb, reinweiß, in dichten Schirmrispen; Blütezeit V–VI. Steinfrüchte kugelig, matt schwarzblau, weißlich punktiert, ungenießbar; Fruchtreife ab IX.
Standort: Flurhecken, Auengebüsche, Laubwälder, Straßenbegleitgrün, Steinböden. Ziergehölz.
Verbreitung: Von N- bis S-EU weit verbreitet.
Wissenswertes: Die Lichtseite der Zweigrinde ist – vor allem im Winter – stark gerötet.

Hecken-Rose, Hunds-Rose *Rosa canina*

ROSENGEWÄCHSE

Merkmale: Sommergrüner, kletternder Wildstrauch, 1–3 m hoch. Blätter gestielt, 8–12 cm lang, 5- bis 7-zählig gefiedert, Fiedern dünn, oval, 2–4 cm lang, 2 cm breit. Blüten zu 1–3, 4–6 cm breit, blassrosa oder rötlich, schwach duftend; Blütezeit VI–VII. Früchte (Hagebutten) bis zu 2,5 cm lang, korallenrot, essbar (ohne die mit Widerhaken besetzten Kerne); Fruchtreife ab IX.
Standort: Wegränder, Gebüsche, Feldgehölze, Hecken, Magerweiden.
Verbreitung: In M.-EU die häufigste Wildrose, EU mit Ausnahme des nördlichen Skandinaviens, ferner in N-Afrika und W-Asien.
Wissenswertes: Die Hagebutten sind Sammelscheinfrüchte. Das vitaminreiche Fruchtfleisch entsteht aus dem verdickten Achsenbecher des Blütenbodens. Die darin eingebetteten „Kerne" sind Nussfrüchtchen.

Eingriffeliger Weißdorn *Crataegus monogyna*

ROSENGEWÄCHSE

Merkmale: Sommergrüner, dicht verzweigter, mittelgroßer, bedornter Großstrauch von 3–5 m Höhe oder auch kleiner Baum; junge Triebe braungrün bis rotbraun, filzig behaart, im Lauf des Sommers zunehmend kahl und grau; Sprossdornen gerade, bis zu 2 cm lang.
Blätter lang gestielt, im Umriss rautenförmig, tief 3- bis 7-lappig, die Einschnitte reichen weit über die Spreitenmitte hinaus, die einzelnen Spreitenlappen spitz, nur im vorderen Bereich fein gesägt, oberseits dunkelgrün, kahl, unterseits bläulich, in den Nervenwinkeln mit Haarbüscheln.
Blüten weiß, 8–15 mm breit, zu je 5–6 in Schirmrispen, etwas unangenehm nach Fisch riechend, Kelchblätter behaart, zahlreiche Staubblätter mit roten Staubbeuteln, Fruchtknoten mit nur einem einzigen langen Griffel; Blütezeit V–VI.
Frucht eine Apfelfrucht, etwa erbsengroß, mit

Steinkern, rot, ungenießbar; Fruchtreife ab IX.
Standort: Hecken, Gebüsche, Flurgehölze, Waldsäume, felsige Hänge, von der Ebene bis etwa 1500 m Höhe im Gebirge.
Verbreitung: M.- und S-EU, südliches Skandinavien, Vorderasien, N-Afrika; häufig als Ziergehölz angepflanzt.
Wissenswertes: Extrakte aus Blättern, Blüten und Früchten werden medizinisch als herzstärkende Mittel und gegen Bluthochdruck eingesetzt. Das relativ harte Holz wurde früher oft zu Werkzeugstielen und Drechselarbeiten verwendet.
Mit dem Zweigriffeligen W. bildet der E. W. fruchtbare Hybriden, die in ihren (Blatt-)Merkmalen zwischen den Elternarten stehen.

Schlehe, Schwarzdorn *Prunus spinosa*

Merkmale: Sommergrüner, sehr dichtästiger und sparrig verzweigter Wildstrauch, 1–4 m hoch, selten auch höher, die abstehenden oder aufrechten Äste und Zweige mit bis zu 5 cm langen, kräftigen Kurztriebdornen besetzt; junge Triebe zunächst behaart, später kahl und rötlich; Rinde an stärkeren Ästen und am Stamm schwarzbraun bis schwarz (namengebendes Merkmal!), zerreißt im Alter in schmale Längsstreifen.

Blätter 1–2 cm lang gestielt, wechselständig, aber an den Kurztriebenden büschelig gehäuft, 3–4 cm lang und bis zu 2 cm breit, elliptisch bis verkehrt eiförmig, zugespitzt oder stumpf, am Grund keilförmig, fein gesägt bis gekerbt, nur spärlich und sehr kurz behaart, oberseits matt dunkelgrün, runzelig, unterseits anfangs stärker behaart, später weitgehend kahl und hell graugrün, an der Spreitenbasis mit kleinen, unauffälligen Nektardrüsen.

Blüten 5-zählig, erscheinen geraume Zeit vor dem Blattaustrieb einzeln an den zahlreichen Kurztrieben, der Strauch erscheint daher überaus reichblütig; Kelchblätter dreieckig, drüsig gezähnt, Krone 1–1,5 cm breit, Kronblätter reinweiß, länglich oval, stumpf, ungefähr 20 Staubblätter mit gelben oder rötlichen Staubbeuteln, Fruchtknoten am Grund eines becherförmigen Achsengebildes; Blütezeit III–IV.

Früchte kugelige Steinfrüchte, 1–1,5 cm groß, anfangs bläulich grün, zuletzt blauschwarz, stark bereift, Fruchtfleisch grünlich, essbar, aber vor den ersten strengeren Frösten sehr gerbstoffreich und wenig angenehm, nach dem Gefrieren erfrischend säuerlich; Fruchtreife ab X.

Standort: Am Saum von Wäldern und Gebüschen, in Feldgehölzen und Flurhecken, am Rand von Weinbergen, an Wegrändern und in nicht allzu feuchten Flussauen.

Verbreitung: In EU von Portugal bis zum mittleren Skandinavien; ferner in N-Afrika und Vorderasien; vom Tiefland bis in mittlere Gebirgslagen um die 1500 m Höhe.

Wissenswertes: S. fassen als Pioniergehölze auf Trockenrasen sehr rasch Fuß, sobald die regelmäßige Beweidung der Grasfluren aussetzt. Weil sie sich nicht nur über die Samen, sondern auch über Wurzelsprosse vermehren, drängen sie die krautige Vegetation stark zurück. Da Trockenrasen zahlreiche seltene Pflanzenarten beherbergen (darunter auch viele heimische Orchideen-Arten) und oft als Naturschutzgebiete ausgewiesen sind, versucht man hier durch vorsichtige Biotoppflege, die Ansiedlung von S. unter Kontrolle zu halten.

Ansonsten sind S. in der Kulturlandschaft wertvolle Gehölze, weil sie vielen Kleintieren Nahrung und Schutz gewähren. Bereits im Frühjahr bieten die zahlreichen Blüten eine ergiebige Tracht für Bienen und Hummeln, obwohl die pro Blüte abgegebenen Nektar- und Pollenmengen relativ gering sind. Außerdem leben an S. beispielsweise die Raupen des selten gewordenen Segelfalters. Das dichte Gezweig ist Nistraum für viele Vogelarten. Drosseln ernten ab Spätherbst die reifen Früchte. Teilweise bleiben diese auch als so genannte Wintersteher bis zum nachfolgenden Frühjahr am Geäst und dienen dann den heimkehrenden Sommervögeln als willkommene Nahrung.

Die Früchte der S. sind offenbar schon von den Menschen der mittleren Jungsteinzeit gesammelt und verzehrt worden, denn die charakteristischen Steinkerne fand man vielfach in deren Pfahlbausiedlungen rund um die Alpen. Das besondere Aroma der Schlehenfrüchte entfaltet sich erst, wenn die Gerbstoffe chemisch gebunden sind. Die dazu notwendigen Frostnächte kann man mit der Tiefkühltruhe simulieren: Beim Gefrieren werden die Safträume im Fruchtfleisch zerstört und die darin enthaltenen Gerbstoffe freigesetzt. Durch Anschlussreaktionen mit den übrigen Zellbestandteilen werden sie gebunden – der Fruchtgeschmack verliert an Herbheit. Schlehenfrüchte verwendet man in Fruchtschnäpsen, als Saft und zu Wildbeerenkompotts.

Medizinisch nutzt man die abführende sowie harntreibende Wirkung der getrockneten Blüten.

Gewöhnliche Brombeere *Rubus fruticosus*

ROSENGEWÄCHSE

Merkmale: Sommer- und teilweise auch wintergrüner, kräftiger Strauch mit kantigen, bogig überhängenden, bis zu 2 m langen, bestachelten Ästen. Sprossenden, die Bodenkontakt erhalten, bilden erneut Wurzeln.

Blätter lang gestielt, meist 5-zählig gefiedert, Fiedern 5–10 cm lang, gestielt, breit elliptisch, vorn zugespitzt, am Grund abgerundet, grob und ungleichmäßig gezähnt, oberseits matt oder leicht glänzend dunkelgrün, unterseits hellgrün, Blattstiele und Mittelrippe bestachelt.

Blüten 5-zählig, weiß oder hellrosa, zahlreich in endständigen Rispen an den vorjährigen Zweigen stehend; Blütezeit VI–VIII.

Früchte (Brombeeren) sind Sammelsteinfrüchte, saftig, schwarzrot, lösen sich leicht mitsamt der Blütenachse ab, essbar; Fruchtreife ab VII.

Standort: Wald- und Wegränder, Brachland, Hecken, Gebüsche, Kahlschläge, Feldgehölze, v. a. in wintermilden Gebieten.

Verbreitung: Überall in EU häufig mit Ausnahme des äußersten Nordens; in mehreren großfrüchtigen Sorten auch gärtnerisch und im Erwerbsobstbau verwendet.

Wissenswertes: Die G. B. ist eine so genannte Sammelart, die sich nach verschiedenen Feinmerkmalen allein in M.-EU in mehrere hundert Sippen untergliedern lässt. Zu den Unterscheidungsmerkmalen gehört beispielsweise auch, ob die Pflanzen im Herbst eine lebhafte Laubumfärbung zeigen (Foto rechts). Die genauere Bestimmung der Kleinarten, die sich aufgrund natürlicher Entwicklungsvorgänge offenbar in weiterer Aufspaltung befinden, ist meist schwierig.

Laubholz-Mistel *Viscum album*

MISTELGEWÄCHSE

Merkmale: Immergrüner, meist sehr reich und regelmäßig gabelig verzweigter, kugeliger Strauch, bis 1 m Durchmesser, parasitiert auf Laubbäumen; Zweige gelblich grün, biegsam, kahl, rundlich.

Blätter gegenständig, sitzend, um 5 cm lang und bis 1 cm breit, ledrig derb, länglich-zungenförmig, vorn gerundet, beidseitig gleichfarben gelblich grün, nach etwa 15 Monaten „Betriebsdauer" ohne Umfärben abfallend.

Blüten zweihäusig verteilt, unscheinbar, gelblich, einzeln oder zu 3–5 in den Achseln winziger Hochblätter an den Sprossenden; Blütezeit III–V.

Früchte weißliche, kugelige, erbsengroße Scheinbeeren mit einem stark klebrigen Fruchtfleisch und mehreren darin eingebetteten Samen mit der eigentlichen Fruchthülle; Fruchtreife ab XI.

Die Pflanze enthält in allen Teilen Giftstoffe!

Standort: Geäst von Pappeln, Weiden, Birken, Hainbuchen, Robinien, Kastanien und Obstgehölzen (besonders auf Apfelbäumen), nicht dagegen auf Buchen oder Eichen.

Verbreitung: M.- und S-EU, nördlich bis Skandinavien, ferner bis Vorderasien; vom Tiefland bis ins Bergland, dort bis in etwa 1300 m Höhe.

Wissenswertes: Die L. ist ein Halbparasit, der seiner Wuchsunterlage lediglich Wasser und die darin gelösten Mineralsalze entnimmt, nicht dagegen organische Baustoffe aus der Produktion der Wirtspflanze. Die Schädigung des Trägerbaums hält sich daher meist in Grenzen. Nur massiver Befall ist problematisch. Die Verbreitung der Samen erfolgt gewöhnlich durch Vögel (Misteldrossel!). Darüber hinaus können die Samen sich am extrem klebrigen Fruchtfleich regelrecht abseilen und sich auf tiefer gelegenen Ästen ansiedeln. Die Keimung verläuft jedoch sehr langsam.

Heidelbeere *Vaccinium myrtillus*

HEIDEKRAUTGEWÄCHSE

Merkmale: Sommergrüner, reich verzweigter Zwergstrauch, bis 50 cm hoch; Äste nur an der Basis verholzt, Zweige biegsam, kantig, grün. Blätter wechselständig, kurz gestielt, 2–3 cm lang, länglich oval, zugespitzt, fein gesägt, matt hellgrün, im Herbst oft prächtig goldgelb bis karminrot. Blüten 4- oder 5-zählig, glockig, grünlich weiß oder rötlich, zu 1–2 in den oberen Blattachseln; Blütezeit V–VI. Beeren saftig, blauschwarz, heller bereift, essbar; Fruchtreife ab VII.

Standort: Lichte Nadelwälder, Heiden, Moore.

Verbreitung: M.- und N-EU, im S nur in den Gebirgen, ferner arktische Tundren.

Wissenswertes: Die Art wird auch Blaubeere oder Bickbeere genannt. Für die Gartenkultur wird die aus N-Amerika stammende, bis 2 m hohe **Strauch-Heidelbeere** *V. corymbosum* angeboten.

Preiselbeere *Vaccinium vitis-idaea*

HEIDEKRAUTGEWÄCHSE

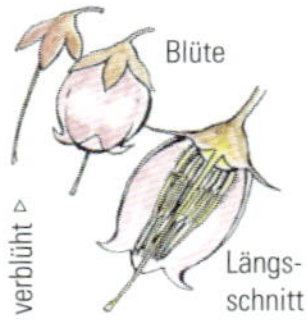

Merkmale: Immergrüner Zwergstrauch mit kriechenden Sprossachsen und aufsteigenden, mäßig verzweigten Ästen, bis 30 cm hoch. Blätter wechselständig, mitunter 2-zeilig, kurz gestielt, bis 2 cm lang, elliptisch bis oval, glattrandig, oberseits glänzend dunkelgrün, unterseits hellgrün mit dunkleren Punkten. Blüten 4- oder 5-zählig, zahlreich in hängenden Trauben, Krone krugförmig, cremeweiß, rosa überlaufen; Blütezeit V–VII. Beeren kugelig, bis 1 cm groß, zuerst weißlich, reif scharlachrot, essbar; Fruchtreife ab VIII.

Standort: Moorränder und lichte Nadelwälder, Zwergstrauchheiden.

Verbreitung: N- und M.-EU, stellenweise auf dem Apennin und Balkan, außerdem Kauskasus, Grönland, N-Amerika von Neufundland bis Alaska.

Wissenswertes: Regional wird die P. auch oft Kronsbeere genannt.

Besenheide, Heidekraut *Calluna vulgaris*

HEIDEKRAUTGEWÄCHSE

Merkmale: Immergrüner, dichter Zwergstrauch, 20–50 cm hoch. Blätter 1–3 mm lang, etwa 1 mm breit, dunkelgrün, im Winter bronzefarben. Blüten 4-zählig, etwa 4 mm lang, rosa oder hellviolett, in 5–15 cm langen Trauben; Blütezeit VII–VIII.

Standort: Lichte Wälder, Heiden, Magerwiesen, Braundünen, auf nährstoffarmen, sauren Böden.

Verbreitung: EU von N-Norwegen bis nach Kleinasien, fehlt größeren Gebieten der Mittelmeerregion, in den Alpen bis in 2600 m Höhe.

Wissenswertes: Die B. stellt eine ergiebige Nektarquelle für Bienen dar. Frühere Schafbeweidung hat in Gebieten mit ertragsarmen Böden die B. stark gefördert und große Heidelandschaften entstehen lassen (z. B. Lüneburger Heide).

Besenginster *Cytisus scoparius*

SCHMETTERLINGSBLÜTENGEWÄCHSE

Merkmale: Sommergrüner Strauch mit kantigen, grünen, rutenförmigen Zweigen, 1–2 m hoch. Blätter wechselständig oder in Kurztriebbüscheln, 3-zählig gefiedert, Fiedern etwa 1 cm lang, oval-lanzettlich, anliegend behaart, z. T. schon frühzeitig abfallend. Blüten 1 cm lang gestielt, goldgelb, bis 2,5 cm lang, zu 1–2 in den Blattachseln; Blütezeit V–VII. Früchte bis zu 5 cm lange, abgeflachte Hülsen, reif schwarz; Fruchtreife ab VII.

Standort: Wegränder, Böschungen, Säume, Steinbrüche; fehlt auf Kalk; Säureanzeiger.

Verbreitung: W- und M.-EU, von der Iberischen Halbinsel bis zum Balkan, in D in den atlantisch beeinflussten westlichen Landesteilen.

Wissenswertes: Der B. friert in strengen Wintern zurück und regeneriert sich aus Sämlingen. Die rutenförmigen Zweige verwendete man früher als Besen. Die Staubblätter dieser Art sind uhrfederartig zusammengerollt. Drückt ein Insekt das Schiffchen herab, springen sie vor und tragen ihren Pollen auf dessen Körper auf.

Gewöhnlicher Liguster *Ligustrum vulgare*

ÖLBAUMGEWÄCHSE

Merkmale: Sommer- und teils wintergrüner Strauch bis 3 m (max. bis 7 m) Höhe; junge Triebe spärlich behaart, später kahl; Zweige rutenförmig, biegsam.

Blätter gegenständig, kurz gestielt, etwas ledrig, glattrandig, oberseits dunkelgrün, unterseits heller, mit kräftiger Mittelrippe.

Blüten 4-zählig, zahlreich in lockerer, kegelförmiger, bis zu 8 cm langer, aufrechter Rispe an den Zweigenden, Kronzipfel länger als die Kronröhre, weiß, angenehm duftend; Blütezeit VI–VII.

Früchte beerenartige, glänzend schwarze Steinfrüchte, ungenießbar und giftverdächtig; Fruchtreife ab VIII.

Standort: Flurhecken, Feldgehölze, Waldsäume, Ufer, Auengebüsche, Mauern, Ruinen.

Verbreitung: In EU weit verbreitet, ferner in N-Afrika und W-Asien; in D vor allem im mittleren und südlichen Teil, häufig (auch in Sorten) angepflanzt und vielfach verwildert.

Wissenswertes: Der G. L., verbreitet auch Rainweide genannt, ist ein wertvolles Nist-, Deckungs- und Nahrungsgehölz für Singvögel.

Ähnlich: **Wintergrüner Liguster** *Ligustrum ovalifolium*, wintergrüner, durch Schnitt stark verdichteter und häufig in Hecken verwendeter Zierstrauch, 1–3 m; Blätter eiförmig-elliptisch, 3–8 cm lang, oberseits glänzend dunkelgrün, kahl; Blüten cremeweiß, in gedrungenen, bis zu 10 cm langen, endständigen Rispen, Blütezeit VI–VII; stammt aus O-Asien (Japan, Korea).

Efeu *Hedera helix*

ARALIENGEWÄCHSE

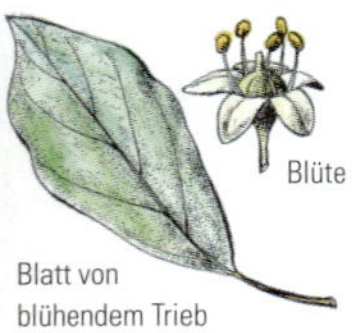

Merkmale: Immergrüner, kriechender oder an Mauern und Bäumen mit Haftwurzeln emporkletternder Strauch, Wuchshöhe bis etwa 20 m; Triebe mit 4- bis 12-strahligen Sternhaaren; häufig mit klar erkennbarem Hauptstamm, sonst buschig mit überhängenden Zweigen.

Blätter an nicht blühenden Trieben 3- bis 5-lappig, am Grund herzförmig, oberseits glänzend dunkelgrün mit weißlichem Adernetz, an blühenden Trieben dagegen rautenförmig bis elliptisch, leicht gewellt, spitz, am Grund keilförmig, glänzend dunkelgrün, im Winter unterseits rötlich.

Blüten 5-zählig, klein und unscheinbar, zahlreich in kopfigen, gestielten Dolden zusammenstehend, Kronen gelblich grün, zwischen Staubblättern und Griffel ein breiter Ring, der reichlich Nektar absondert; Blütezeit IX–X.

Früchte kugelige Beeren, vorn abgeplattet, mattschwarz, giftig; Fruchtreife im folgenden Frühjahr.

Standort: Wälder und Gebüsche, Auengehölze, Steinbrüche und Ruinen, Friedhöfe und Gärten.

Verbreitung: In W-, M.- und S-EU von der Ebene bis in mittlere Gebirgslagen (etwa 1800 m) weit verbreitet, im Norden nur bis S-Schweden.

Wissenswertes: Der E. verfügt über zweierlei Wurzeln: Das übliche Wurzelwerk besorgt die mineralische Ernährung und Wasseraufnahme aus dem Boden, während die Kletterwurzeln sprossbürtige Sonderentwicklungen darstellen.

Der ungewöhnlich späte Blühtermin sichert den Insekten auch im Herbst eine ergiebige Tracht. Die für den Menschen giftigen Früchte werden gern von Singvögeln verzehrt. E. kann ein Alter von über 400 Jahren erreichen.

Schwarzer Holunder *Sambucus nigra*

Merkmale: Sommergrüner, breitbuschig wachsender Großstrauch, 3–7 m hoch, seltener auch kleiner Baum mit krummem, rauborkigem Stamm bis 9 m Höhe; Äste und Zweige aufrecht oder bogig nach außen überhängend; Triebe graubraun, kahl, Zweige mit zahlreichen, großen, länglichen Korkwarzen (Rindenporen, auch Lentizellen genannt) und weißem Mark.

Blätter gegenständig, lang gestielt, 10–25 cm lang, an der Basis mit länglichen, von Nebenblättern abzuleitenden, grünen Nektardrüsen, 5- bis 7-zählig unpaarig gefiedert, Fiedern fast sitzend, bis zu 8 cm lang und 3,5 cm breit, elliptisch, lang zugespitzt, gesägt, auf der Oberseite mattgrün, unterseits zuletzt kahl und heller grün, beim Zerreiben aromatisch duftend.

Blüten klein, scheibenförmig flach, cremeweiß, sehr zahlreich in großen, flach ausgebreiteten, bis zu 8 cm messenden Schirmrispen, mit starkem, sehr angenehmem Duft; Blütezeit V–VI.

Früchte kugelige Steinfrüchte (in Norddeutschland Fliederbeeren genannt), 3–4 mm dick, auf hellroten Fruchtstielen, schwarzrot mit purpurrotem Saft, essbar; Fruchtreife ab VIII.

Standort: Waldränder, Feldgehölze, Ufer und Zäune, Feldscheunen, Ruinen- und Abraumgelände, Bahndämme, Böschungen; Siedlungsfolger, insofern auch zuverlässiger Stickstoffzeiger.

Verbreitung: In EU weit verbreitet, ferner Kleinasien und Kaukasus; in den Alpentälern bis in etwa 1200 m Höhe; vielfach auch in Fruchtsorten gepflanzt, außerdem als Ziergehölz mit abweichender gelbgrüner Blattfärbung sowie in einer extrem schmalblättrigen Form oder mit geschlitzten bzw. doppelt gefiederten Blättern; in der Normalform nicht selten in Parks und Gärten.

Wissenswertes: Der S. H. hat große Bedeutung als Heilpflanze und als Fruchtstrauch. Seine getrockneten Blüten und Früchte werden nach wie vor gegen Katarrhe und sonstige Beschwerden der Atemwege sowie gegen Fieber verwendet. Bereits die Menschen der Jungsteinzeit sammelten die schmackhaften Früchte, wie man an den Samenfunden in ausgegrabenen Siedlungen feststellen konnte. Auch mancherlei Geschichten ranken sich um den S. H. Judas soll sich nach biblischer Überlieferung daran erhängt haben, wovon angeblich der strenge Geruch der Blätter herrührt. Eine fast nur auf Holunder wachsende Pilzart heißt danach auch Judasohr. Den Germanen war der Strauch besonders heilig, als Hausstrauch sollte er die bösen Geister bannen. Sein Name ehrt Frau Holle (die der nordischen Göttin Freya entspricht), was auch in der mundartlichen Bezeichnung Hollerbusch deutlich wird.

Die duftenden Blüten werden in erster Linie von Fliegen und kleinen Käfern bestäubt, die auf den flachen Schirmrispen umherlaufen. Holunderpollen werden jedoch großteils auch vom Wind verfrachtet und sind bekanntermaßen Mitauslöser von Pollenallergien. Die Winterknospen weisen eigenartigerweise keine schützenden Knospenhüllen auf. Daher stehen die bereits im Frühherbst fertigen Blattanlagen während der kalten Jahreszeit halb geöffnet im Freien. Die reifen Früchte werden sehr gern von Vögeln geerntet. Vögel besorgen auch die Verbreitung der Art, indem sie die Samen mit dem Kot wieder ausscheiden.

Ähnlich: Der **Kanadische Holunder** *S. canadensis* unterscheidet sich vom Schwarzen Holunder durch seine bis zu 25 cm breiten Doldenrispen und die nur wenigen, dafür aber deutlich größeren Lentizellen an den Zweigen. Er wird gelegentlich als Fruchtgehölz in Plantagen gezogen.

Weiße Seerose *Nymphaea alba*

SEEROSENGEWÄCHSE

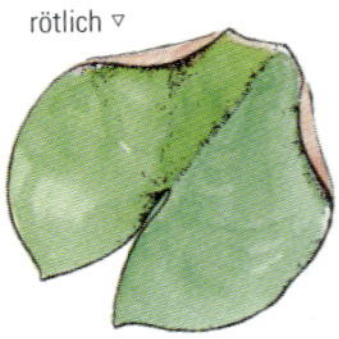

Merkmale: Ausdauernde Schwimmblattpflanze; Blätter rundlich, mit bis zu 3 m langen Stielen, am Stielansatz mit tiefer Kerbe, Blattnerven am Rand miteinander verbunden, Hauptnerven der Basallappen fast gerade, oberseits glänzend dunkelgrün, unterseits rötlich, kahl; Blüten 9–12 cm breit, mit 4 Kelch- und 15–25 weißen Kronblättern, Narbenscheibe flach mit 14–24 Strahlen, Blütezeit VI–VIII.
Standort: Stehende und langsam fließende Gewässer, Altarme von Flüssen.
Verbreitung: Fast überall in EU; in D vom Tiefland bis ins Gebirge; auch angepflanzt. **§!**
Wissenswertes: Die Kronblätter der W. S. zeigen in ihrer Gestalt fließende Übergänge zu den gelben Staubblättern. Die Blüten öffnen sich jeweils am Morgen weit und schließen sich am späten Nachmittag wieder.

Busch-Windröschen *Anemone nemorosa*

HAHNENFUSSGEWÄCHSE

Merkmale: Mehrjährig, 5–20 cm hoch; grundständige Blätter gestielt, handförmig geteilt, Stängel mit 3-zähligem Hochblattquirl; Blüten einzeln, 2–4 cm breit, reinweiß oder hellrosa, mit 6 (–8) Kronblättern, Blütezeit II–IV.
Standort: Humusreiche Laubwälder, Gebüsche, Auen, Bergwiesen, bevorzugt frische, nährstoffreiche Böden.
Verbreitung: In EU weit verbreitet, im S nur im Gebirge; in D häufig, stellenweise sogar massenhaft.
Wissenswertes: Die Pflanze gehört zu den bekanntesten Frühblühern. Sie überwintert als Geophyt mit kriechendem Rhizom, in dem ihre Stoffvorräte gespeichert sind. Als Waldbodenpflanze schließt das B. seine Entwicklung ab, wenn sich das Kronendach belaubt und es dadurch am Standort zu dunkel wird. Nachts oder bei kühler Witterung sind die Blüten geschlossen.

Knoblauchrauke *Alliaria petiolata*

KREUZBLÜTENGEWÄCHSE

Merkmale: Einjährige oder einjährig überwinternde, bis zu 100 cm hohe Pflanze mit aufrechtem, kantigem, unverzweigtem Stängel, der an der Basis abstehend behaart ist; Blätter wechselständig, lang gestielt, beim Zerreiben nach Knoblauch duftend; Blüten in endständiger Traube, Kronen bis zu 6 mm breit, 4-zählig, reinweiß, Blütezeit IV–VI.
Standort: Waldränder, Waldlichtungen, Parkanlagen, Hecken, Gebüsche, Schuttstellen.
Verbreitung: In EU mit Ausnahme der Mittelmeerländer weit verbreitet; in D in den meisten Gebieten ziemlich häufig.
Wissenswertes: Das typische Aroma der auch als Lauchhederich bezeichneten Pflanze geht auf Senfölglykoside zurück und ist mit den Inhaltsstoffen des Knoblauchs nicht identisch. Man verwendet die K. als Wildgemüse und -salat.

Hirtentäschelkraut *Capsella bursa-pastoris*

KREUZBLÜTENGEWÄCHSE

Merkmale: Formenreiche, ein- oder zweijährige Pflanze mit aufrechtem, nur wenig verzweigtem, behaartem Stängel, 20–40 cm hoch; Blätter der Rosette buchtig gelappt, Stängelblätter lanzettlich mit pfeilförmigem Grund; Blüten bis zu 5 mm breit, Krone weiß, gestielt, in lockerer, endständiger Traube, Blütezeit II–X, z. T. ganzjährig; Schötchen herzförmig, sitzen mit der Spitze dem Stiel an.
Standort: Lichtpflanze; Gärten, Äcker, Brachen, Schuttstellen, Wegränder; Kulturbegleiter des Menschen seit der Jungsteinzeit.
Verbreitung: Überall in EU verbreitet und selbst mitten in Großstädten häufig.
Wissenswertes: Das H. ist eine alte Heilpflanze, die heute vor allem in der Homöopathie eingesetzt wird. In manchen Gegenden wird das H. auch als Zutat zu Wildsalaten verwendet.

Wiesen-Kerbel *Anthriscus sylvestris*

DOLDENBLÜTENGEWÄCHSE

Merkmale: Formenreiche, zwei- oder mehrjährige Pflanze, 50–150 cm hoch, der aufrechte, verzweigte Stängel gerillt, nur an der Basis rau behaart und niemals rötlich gefleckt; Blätter 2- bis 3-fach gefiedert, Fiedern lanzettlich, oberseits glänzend dunkelgrün, unterseits hellgrün, kahl; Blüten weiß, zahlreich in zusammengesetzten Dolden, (meist) ohne Hülle, Döldchen mit 4–8 schmalen Hüllchenblättern, Blütezeit IV–VII.

Standort: Waldränder, Gebüsche, Säume, Böschungen, Brachen; v. a. auf nährstoffreichen Böden, auf überdüngten Wiesen oft massenhaft.

Verbreitung: In M.- und N-EU weit verbreitet, in S-EU selten; in D überall sehr häufig.

Wissenswertes: Der Hautkontakt mit frisch geschnittenen Pflanzenteilen kann die so genannte Wiesendermatitis auslösen.

Wiesen-Bärenklau *Heracleum sphondylium*

DOLDENBLÜTENGEWÄCHSE

Merkmale: Mehrjährige, kräftige Pflanze, 80–160 cm hoch, mit aufrechtem, borstig steif behaartem, kantig gefurchtem Stängel; Blätter grob gefiedert oder stark gelappt, oberseits dicht steifhaarig, grob gezähnt, ziemlich derb, mit auffälliger, gestreifter Blattscheide; Blüten weiß, zahlreich in 5–15 cm breiten, zusammengesetzten Dolden mit fehlender oder höchstens 6-teiliger Hülle und zahlreichen Hüllchenblättern, Blütezeit VI–IX.

Standort: Fettwiesen, Wegränder, Gebüsche, Schuttstellen, Brachflächen, Gärten.

Verbreitung: Überall in EU verbreitet; in D in den meisten Gebieten sehr häufig.

Wissenswertes: Die Randblüten der Dolde sind nach außen hin stark vergrößert und lassen den Blütenstand als übergroße Blume erscheinen.

Gewöhnliche Schafgarbe *Achillea millefolia*

KORBBLÜTENGEW.

Merkmale: Mehrjährige Pflanze mit aufrechtem Stängel, 15–60 cm hoch; Blätter wechselständig, doppelt fiederteilig mit feinen, zipfeligen Abschnitten; Blütenkörbchen etwa 6–8 mm breit, zahlreich in Doldenrispen, Zungenblüten weiß oder rötlich, Röhrenblüten cremefarben, Blütezeit VI–X.

Standort: Wiesen, Wegränder.

Verbreitung: In EU weit verbreitet; in D fast überall häufig, im Gebirge bis in 2500 m Höhe.

Wissenswertes: Die Schafgarbe ist eine alte und beliebte Heilpflanze. Die ätherischen Öle des Schafgarbenkrautes wirken entzündungshemmend, krampflösend und blutstillend. Schafgarbenkraut wird innerlich als Tee bei Magen-Darm-Störungen und äußerlich als Bad zur Wundheilung angewendet. Auch als Gewürz kann die Schafgarbe eingesetzt werden.

Wilde Möhre *Daucus carota*

DOLDENBLÜTENGEWÄCHSE

Merkmale: Zweijährige, bis zu 90 cm hohe Pflanze mit aufrechtem, borstigem Stängel; Blätter mehrfach gefiedert mit schmalen Endzipfeln, beim Zerreiben charakteristisch nach Mohrrübe duftend; zentrale Blüte oft schwarzpurpurn, die übrigen weiß, zahlreich in zusammengesetzten Dolden mit schmal fiederteiligen Hüll- und Hüllchenblättern, Blütezeit V–IX.

Standort: Wiesen, Halbtrockenrasen, Raine, Böschungen, steinige Abhänge.

Verbreitung: M.- und S-EU; in D häufig.

Wissenswertes: Die eigenartige dunkle „Mohrenblüte" in der Doldenmitte hat vermutlich die Aufgabe, eine Fliege vorzutäuschen und weitere Fliegen als Bestäuber einzuladen. Die Früchte tragen Hakenstacheln und werden durch Kletthaftung an vorbeistreifenden Tieren verbreitet. Die Art ist sehr formenreich und v. a. in S-EU stark vertreten.

Weiß-Klee, Kriech-Klee *Trifolium repens* SCHMETTERLINGSBLÜTENG.

Merkmale: Formenreiche, mehrjährige Pflanze mit weit kriechenden, an den Knoten wurzelnden Stängeln; Blätter 3-zählig gefiedert, breit oval, fein gezähnt; Blüten 1 cm lang, weiß, duftend, in eiförmigen, 1–2 cm breiten Köpfen, Kronen nach dem Abblühen braun und herabhängend, Blütezeit V–IX.

Standort: Fettweiden, Wiesen, Parkrasen, Äcker; vorzugsweise auf stickstoffhaltigem, nährstoffreichem und verdichtetem Lehm- oder Tonboden.

Verbreitung: Überall in EU häufig, in den Alpen bis über 2500 m, dort jedoch steril.

Wissenswertes: Wintergrüne Trittpflanze, dient durch Bindung von Luftstickstoff in den Wurzelknöllchen der Bodenverbesserung. Wertvolle Bienenweide. Ausgeprägte vegetative Vermehrung durch lange Ausläufer. Gilt neben Löwenzahn als Kennart von Intensivweiden.

Gänseblümchen *Bellis perennis* KORBBLÜTENGEWÄCHSE

Merkmale: Mehrjährig, alle Blätter grundständig, spatelförmig bis verkehrt eiförmig, Stängel behaart, 5–10 cm hoch; Blütenkörbchen außen mit weißen, an den Spitzen rötlichen Zungenblüten, innen mit gelben Röhrenblüten, Blütezeit II–XII, hauptsächlich aber III–VI.

Standort: Lückige, kurzgrasige Fettwiesen, Weiden, Zierrasen, im Gebirge bis in über 2000 m Höhe.

Verbreitung: Überall in EU sehr häufig.

Wissenswertes: Bei Dunkelheit und bei kühler, regnerischer Witterung schließen sich die Blütenköpfe oder bleiben geschlossen, wobei die Schließbewegung durch einseitig stärkeres Wachstum der grünen Hüllblätter erfolgt. Der Schließvorgang lässt sich auch leicht durch mehrfaches Anstoßen der weißen Zungenblüten mit dem Finger auslösen.

Echte Kamille *Matricaria recutita* KORBBLÜTENGEWÄCHSE

Merkmale: Einjährig, 15–45 cm hoch, Stängel aufrecht, verzweigt; Blätter wechselständig, mehrfach gefiedert; Blütenkörbchen am Rand mit weißen Zungen-, innen mit goldgelben Röhrenblüten, Körbchenboden kegelig, hohl (wichtiges Unterscheidungsmerkmal zu ähnlichen Arten!), Blütezeit V–IX.

Standort: Getreideäcker, Wegränder, Schuttstellen, bevorzugt auf kalkfreiem, frischem Lehmboden.

Verbreitung: Fast überall in EU häufig.

Wissenswertes: Die ursprünglich nur im Mittelmeergebiet beheimatete Pflanze ist nördlich der Alpen Kulturbegleiter seit der Jungsteinzeit. Schon im Altertum war sie als Heilpflanze bekannt und geschätzt. Als Tee bzw. Wasserdampfauszug wirkt sie entzündungshemmend. Ihre Früchte bleiben im Boden bis über 100 Jahre keimfähig.

Wiesen-Wucherblume, Margerite *Leucanthemum vulgare*

Merkmale: Mehrjährig, 20–90 cm hoch, Stängel aufrecht, meist unverzweigt, leicht kantig, kahl oder unter dem Körbchen kurz rauhaarig; Blätter wechselständig, spatelförmig, zur Basis hin grob gezähnt; Blütenkörbchen 4–6 cm breit, einzeln endständig, flach, Zungenblüten weiß, ♀, etwa 20–25, Röhrenblüten goldgelb, zwittrig, ca. 350, Blütezeit V–IX.

Standort: Wiesen, Halbtrockenrasen, Wegränder, Brachen, Gebüsche, Böschungen mit Neusaaten, Gärten, gern auf mäßig trockenen, nährstoffreichen Böden.

Verbreitung: In EU weit verbreitet; in D überall häufig.

Wissenswertes: Ursprünglich war die W. eine Felspflanze. Sie hat sich erst im Kulturland mit verschiedenen Ökotypen auch zur Wiesenpflanze entwickelt.

Echtes Mädesüß *Filipendula ulmaria*

ROSENGEWÄCHSE

Merkmale: Mehrjährige, kräftige Pflanze mit aufrechtem, verzweigtem, kantigem Stängel, 1–1,5 m hoch; Blätter abwechselnd mit großen und kleinen, grob gezähnten Fiedern; Blüten nur 6–9 mm breit, gelblich weiß, zahlreich in vielstrahligen, unregelmäßigen Scheindolden, duften stark (Name!), Blütezeit VI–VIII.

Standort: Feucht- und Nasswiesen, Gräben, Niedermoore, Bachauen, schattige Wegränder, Flussufer und Feuchtwälder.

Verbreitung: Fast überall in N- und M.-EU verbreitet; in D häufig, im Bergland nur bis etwa 1200 m.

Wissenswertes: Inhaltsstoffe des E. M. haben harn- und schweißtreibende Wirkung, die Pflanze fand und findet daher in der Volksmedizin Verwendung. Früher wurde sie auch zur Aromatisierung von Met und Bier verwendet.

Gewöhnlicher Beinwell *Symphytum officinale*

RAUBLATTGEW.

Merkmale: Mehrjährig, 40–100 cm hoch, rau behaart, mit aufrechtem, kantigem Stängel; Blätter schmal lanzettlich, die unteren bis zu 25 cm lang, die oberen kleiner und mit der Basis am Stängel herablaufend; Blüten in Scheindolden, Kronen cremeweiß, rötlich oder bläulich bis tiefviolett, Blütezeit V–IX.

Standort: Wiesen, Ufer, Gräben, Wegränder.

Verbreitung: Fast überall in EU verbreitet.

Wissenswertes: Der Eingang zur Kronröhre wird durch breite Schlundschuppen verschlossen, die allerdings für langrüsselige Hautflügler kein ernstes Hindernis darstellen. Kurzrüsselige Arten beißen die Kronröhre kurzerhand an der Basis auf und stehlen hier den nahrhaften Nektar unter Umgehung der Bestäubung. Die alte Heilpflanze wurde früher unter anderem bei Knochenbrüchen und Wunden eingesetzt.

Weiße Taubnessel *Lamium album*

LIPPENBLÜTENGEWÄCHSE

Merkmale: Mehrjährige, bis zu 50 cm hohe Pflanze mit aufrechtem, einfachem, 4-kantigem Stängel; Blätter gegenständig, gestielt, grob gezähnt wie bei der Brennnessel, kurz behaart, daher leicht graugrün erscheinend, beim Abstreifen etwas unangenehm riechend; Blüten zu mehreren in Scheinquirlen in den oberen Blattachseln, Kronen 2–2,5 cm lang, cremeweiß bis reinweiß, Kronröhre aufgebogen, auf der Innenseite mit einem deutlichen Haarring, Oberlippe stark gewölbt, Blütezeit IV–VIII.

Standort: Gebüsche, Hecken, Wegränder, Wiesen, Staudenfluren, Abfallstellen, Brachflächen; vorzugsweise auf nährstoffreichen Lehmböden.

Verbreitung: In EU überall verbreitet.

Wissenswertes: Um an den Nektar in der Tiefe der Blüte zu gelangen, beißen Hummeln mit zu kurzem Rüssel die Kronröhre oft „von hinten" an.

Wald-Sauerklee *Oxalis acetosella*

SAUERKLEEGEWÄCHSE

Merkmale: Mehrjährige, zarte Pflanze von 5–15 cm Höhe; Blätter allesamt grundständig, lang gestielt, kleeähnlich 3-zählig gefiedert, Fiedern falten und senken sich bei Dunkelheit (Zeichnung), saurer Geschmack; Blüten einzeln, lang gestielt, Kronen weiß mit dunkleren Streifen, Blütezeit IV–V.

Standort: Frische bis feuchte Laub- und Mischwälder, Gebüsche; Schattenpflanze.

Verbreitung: In EU fast überall verbreitet, in den Alpen bis in 1700 m Höhe.

Wissenswertes: Der W. ist die schattenverträglichste heimische Blütenpflanze und gedeiht noch bei etwa 1/150 des vollen Lichtangebots. Die Blüten absorbieren und reflektieren sehr stark UV-Licht – sie erscheinen den Insektenaugen daher zweifarbig. Ameisen verbreiten ihre Samen. Nach dem wissenschaftlichen Gattungsnamen ist die Oxalsäure benannt.

Gewöhnliches Hexenkraut
Circaea lutetiana NACHTKERZENGEW.

Merkmale: Mehrjährige, eher zierliche Pflanze mit aufrechtem, unverzweigtem, im oberen Teil flaumig behaartem Stängel, etwa 20–50 cm hoch; Blätter gegenständig, kurz gestielt, oval bis breit lanzettlich, an der Basis abgerundet oder angedeutet herzförmig, gezähnt, mattgrün, auf den Blattnerven behaart; Blüten 4–7 mm breit, zahlreich in lockeren, verlängerten Trauben, Kronen weiß oder hellrosa, mit nur 2 verkehrt herzförmigen, vorn tief eingekerbten Kronblättern, die eine 4-Zähligkeit vortäuschen, Kelchblätter drüsig behaart, Blütezeit VI–VII; kleine Nussfrüchte mit borstigen Hakenhaaren (Klettverbreitung).
Standort: Feuchte Laub- und Mischwälder, Auengebiete, vor allem im Bergland.
Verbreitung: In EU weit verbreitet; in D häufig.
Wissenswertes: Nach altem Aberglauben gilt das G. H. als Zauberpflanze – mit unsicherer Wirkung.

Schneeglöckchen *Galanthus nivalis*
NARZISSENGEWÄCHSE

Merkmale: Mehrjährige Zwiebelpflanze, 5–20 cm hoch; Blätter bis zu 10 cm lang, schmal, bläulich bereift; Blüte einzeln, hängend, die 3 äußeren Blütenblätter um 1,5 cm lang, die 3 inneren um 1 cm, mit grünem Farbmal, Blütezeit II–III.
Standort: Laubmischwälder und Auengebüsche.
Verbreitung: M.- und S-EU; in D nur noch wenige natürliche Vorkommen. **RL, §!**
Wissenswertes: Die inneren Blütenhüllblätter des S. duften stärker als die äußeren und dienen so der Orientierung der Blütenbesucher. Durch UV-Reflexion sind sie auch bei Schnee sichtbar. In vielen Gebieten ist das S. aus Gartenkultur verwildert. Zunehmend findet man in Gärten bzw. in deren Nähe verwildert auch das in allen Teilen größere, aber sonst sehr ähnliche Kaukasische Schneeglöckchen *(Galanthus elwesii)*.

Bär-Lauch *Allium ursinum*
LILIENGEWÄCHSE

Merkmale: Mehrjährige Zwiebelpflanze, 20–40 cm hoch; 2 grundständige Blätter, elliptisch lanzettlich, glattrandig, dunkelgrün, sämtliche Pflanzenteile nach Knoblauch duftend; Blüten 1–2 cm breit, weiß, 6-strahlig, zahlreich in einer endständigen Scheindolde beieinander stehend, Blütezeit IV–VI.
Standort: Lichte Laubwälder, feuchte Gebüsche, Auen, Bachufer; auf tiefgründigen, kalkhaltigen Böden.
Verbreitung: In D wie fast überall in EU außer in Skandinavien verbreitet.
Wissenswertes: Nach der Neugliederung der ehemaligen Liliengewächse wird der B. auch in eine eigene Familie Lauchgewächse *(Alliaceae)* gestellt. Seine schwarzen, glänzenden Samen werden von Ameisen verschleppt. Eine sehr empfehlenswerte Art für Wildpflanzengärten.

Maiglöckchen *Convallaria majalis*
LILIENGEWÄCHSE

Merkmale: Mehrjährige Rhizompflanze, 5–20 cm hoch, Stängel unbeblättert, Blätter grundständig, meist nur 2, aufrecht, breit lanzettlich, glattrandig, entfalten sich erst gegen Ende der Blütezeit; Blüten glockig, um 5 mm breit, weiß, zu 3–9 in einer lockeren, einseitswendigen Traube, stark duftend, Blütezeit V–VI.
Standort: Lichte Laubwälder, Gebüsche.
Verbreitung: In EU weit verbreitet, im Gebirge (alpine Matten) bis in etwa 1800 m Höhe.
Wissenswertes: Die dünnen Wurzeln am unterirdisch kriechenden Wurzelstock sind auf die Zusammenarbeit mit bestimmten Wurzelpilzen angewiesen. Die Blütenbesucher, vor allem Bienen, halten sich an den rückwärts gekrümmten Zipfeln der glockenförmigen Krone fest. Dabei rieselt Pollen auf sie herab. Alle Teile der Pflanze sind stark giftig!

Gelbe Teichrose *Nuphar lutea*

SEEROSENGEWÄCHSE

Merkmale: Ausdauernde Schwimmblattpflanze; Blätter bis 2,50 m lang gestielt, Spreite bis zu 40 cm lang, Blattstiel im oberen Teil 3-kantig, Blattnerven gabelig verzweigt, strahlenförmig zum Blattrand laufend, dort im Gegensatz zur Weißen Seerose (⇨ S. 146) unverbunden; Blüten 4–6 cm breit, erheben sich 5–20 cm über die Wasserfläche, mit 5 gelben Blütenblättern und zahlreichen Nektarblättern, Narbenscheibe mit 15–20 Strahlen, Blütezeit VI–VIII.
Standort: Stehende u. langsam fließ. Gewässer.
Verbreitung: Überall in EU außer dem SW und dem hohen N, stellenweise durchaus häufig; in D von der Ebene bis ins Gebirge. **§!**
Wissenswertes: Schwebfliegen und Käfer bestäuben die duftenden Blüten. Die reifen Früchte sind schwimmfähig, die Samen werden aber auch von Wasservögeln verbreitet.

Sumpf-Dotterblume *Caltha palustris*

HAHNENFUSSGEWÄCHSE

Merkmale: Mehrjährig, bis zu 40 cm hoch, Stängel verzweigt und dicht beblättert, dick, hohl, kahl, gelegentlich leicht rötlich überlaufen, wurzelt an den Knoten mit Bodenkontakt; Blätter herz- bis nierenförmig, matt glänzend dunkelgrün, unregelmäßig gezähnt; Blüten einzeln oder zu 2–3 an den Stängelenden, 2–3 cm breit, mit 5 dottergelben, außen grünlichen, kronblattähnlichen Nektarblättern und zahlreichen Staubblättern, Blütezeit IV–V.
Standort: Sumpfwiesen, Quellfluren, Bachauen und Auenwälder, auf mäßig sauren, nährstoffreichen und nassen Lehmböden, im Gebirge bis in 2400 m Höhe.
Verbreitung: Außer dem S überall in EU.
Wissenswertes: Die für unsere Augen einheitlich gelb erscheinende Blüte besitzt ein im UV-Bereich stark absorbierendes Zentrum. Insekten nehmen dieses als kontrastreich abgesetzten Bereich wahr (Zielscheibensignal). Bei Regen bleiben die Blüten geöffnet und füllen sich mit Wasser, wobei Selbstbestäubung möglich ist.

Goldnessel *Galeobdolon luteum*

LIPPENBLÜTENGEWÄCHSE

Merkmale: Formenreiche, mehrjährige Pflanze, 20–60 cm hoch, mit spärlich behaartem Stängel und oberirdischen Ausläufern; Blätter gegenständig, breit eiförmig bis lanzettlich, grob gezähnt oder gekerbt; Blüten zu 6–10 als Scheinquirle in den oberen Blattachseln, Kronen goldgelb, 1,5–2,5 cm lang, Unterlippe 3-zipfelig, bräunlich gefleckt, Blütezeit IV–VI.
Standort: Laubwälder, Gebüsche, Säume, Hochstaudenfluren; vorzugsweise auf lockeren, tiefgründigen, humusreichen Böden.
Verbreitung: In EU weit verbreitet; in D nahezu überall häufig.
Wissenswertes: Die G. stellt eine sog. Kleinartengruppe dar, wobei die genaue gegenseitige Abgrenzung und Benennung der verschiedenen Formen zurzeit noch nicht eindeutig feststeht.

Huflattich *Tussilago farfara*

KORBBLÜTENGEWÄCHSE

Merkmale: Mehrjährig; alle Blätter grundständig, rundlich herzförmig, 10–30 cm lang, unterseits graufilzig behaart, erscheinen erst nach der Blüte; Blütenschaft 5–15 cm hoch, Körbchen 2–2,5 cm breit, randliche Zungenblüten ca. 300, ♀, zentrale Röhrenblüten etwa 30–40, ♂, alle Blüten einheitlich gelb, Blütezeit II–IV.
Standort: Brachen, Wegränder, Schuttstellen, Bahndämme, Kiesgruben, lichte Wälder. Rohbodenpionier, Staunässezeiger.
Verbreitung: In D wie fast überall in EU häufig.
Wissenswertes: Die Geschlechterverteilung in den Korbblüten des H. ist ungewöhnlich. Üblicherweise sind in dieser Familie die zentralen Röhrenblüten nicht ♂, sondern zwittrig. Der H. ist zwar eine bewährte Heilpflanze bei Husten, wirkt jedoch bei Langzeitgebrauch leberschädigend.

Gelbes Windröschen *Anemone ranunculoides*
HAHNENFUSSGEWÄCHSE

Merkmale: Mehrjährig, 10–20 cm hoch; grundständige Blätter erst nach der Blüte erscheinend, Stängelblätter zu 3 quirlständig, tief 3-teilig mit grob gezähnten Abschnitten; Blüten zu 1–2 gleich oberhalb des Blattquirls, Blütezeit III–V.

Standort: Auenwälder, feuchte Gebüsche, tiefgründig humusreiche Laubwälder.

Verbreitung: In M.-EU weit verbreitet, im S jedoch nur im Gebirge; in D ziemlich selten.

Scharbockskraut *Ranunculus ficaria*
HAHNENFUSSGEWÄCHSE

Merkmale: Mehrjährig, 5–15 cm hoch, mit liegendem Stängel; Blätter gestielt, herzförmig, gekerbt; Blüten 3–5 cm breit, 3 kelchartige Hüllblätter, 8–12 kronblattartige Nektarblätter, Blütezeit III–V; oft steril, Vermehrung durch Brutknospen in Blattachseln (kl. Bild).

Standort: Auenwälder, Feuchtwiesen, Bachufer, Gräben, Obstgärten und Hecken.

Verbreitung: Überall in EU häufig; in D vom Tiefland bis ins Gebirge, in den Alpen bis 1400 m.

Löwenzahn, Kuhblume
Taraxacum officinale KORBBLÜTENGEW.

Merkmale: Mehrjährige, sehr formenreiche Pflanze, alle Teile mit Milchsaft; sämtliche Blätter in einer grundständigen Rosette, gelappt, grob gesägt, fiederspaltig oder gezähnt, kahl; Blütenkörbchen 3–6 cm breit, einzeln endständig auf einem 10–50 cm hohen, rötlichen, hohlen Schaft, gelb, Blütezeit IV–VI.

Standort: Fettwiesen, Weiden, Wegränder, Äcker, alpine Matten.

Verbreitung: In D ebenso wie im ganzen übrigen EU überall sehr häufig.

Echtes Barbarakraut *Barbarea vulgaris*
KREUZBLÜTENGEWÄCHSE

Merkmale: Zweijährig, bis zu 90 cm hoch; untere Blätter gestielt, mit 5–9 Paar Fiedern, obere sitzend und tief eingeschnitten; Blüten kräftig gelb, bis zu 12 mm breit, in dichten Trauben, Blütezeit IV–VII.

Standort: Hecken, Wegränder, Schuttplätze, Böschungen, Ufer, Sandbänke.

Verbreitung: In EU weit verbreitet.

Wiesen-Pippau *Crepis biennis*
KORBBLÜTENGEWÄCHSE

Merkmale: Zweijährig, Stängel aufrecht, verzweigt, mit Milchsaft, 30–120 cm hoch; Blätter wechselständig, tief buchtig gezähnt bis fiederteilig, an der Basis verschmälert; Blütenkörbchen 2–3,5 cm breit, gelb, nur mit Zungenblüten, in lockerer Rispe, Hülle behaart, Blütezeit V–IX.

Standort: Fettwiesen, Weiden, Wegränder, Äcker.

Verbreitung: In ganz EU verbreitet und häufig, so auch überall in D.

Gewöhnliches Greiskraut
Senecio vulgaris KORBBLÜTENGEWÄCHSE

Merkmale: Einjährig, 10–40 cm hoch, Stängel aufrecht, verzweigt, anfangs flockig behaart; Blätter wechselständig, buchtig gelappt bis fiederteilig, unterseits wie mit Spinnweben überzogen; Blütenkörbchen um 5 mm breit, gelb, ohne Zungenblüten, häufig nickend, Außenhülle schwarzgrün, Blütezeit III–X.

Standort: Äcker, Gärten, Schuttstellen, auf stickstoffreichen, lockeren Böden.

Verbreitung: In D wie überall in EU sehr häufig.

Scharfer Hahnenfuß *Ranunculus acris*

HAHNENFUSSGEWÄCHSE

Merkmale: Mehrjährig, 30–120 cm hoch; Stängel wenig behaart oder kahl, Grundblätter lang gestielt, 3- bis 7-teilig tief gespalten, Stängelblätter sitzend, einfacher; Blüten goldgelb, auf runden Stielen in lockerer Rispe, Blütezeit V–VII (X).

Standort: Nährstoffreiche Wiesen (Düngungsanzeiger), Gebüsche, Wegränder.

Verbreitung: In EU weit verbreitet; in D beinahe überall häufig, in den Alpen bis in etwa 2500 m.

Wissenswertes: Die frische Pflanze enthält Alkaloide, die die Haut reizen und recht scharf schmecken (Name!), weswegen sie auch vom Vieh gemieden wird. Beim Trocknen verliert sich der scharfe Geschmack. Alle Teile gelten deswegen als giftig. Die auf Fettwiesen meist in großen Beständen auftretende Art prägt das Bild des Grünlandes vor allem im Mai.

Gewöhnliches Leinkraut *Linaria vulgaris*

BRAUNWURZGEWÄCHSE

Merkmale: Mehrjährig, 20–60 cm hoch, mit aufrechten, verzweigten, kahlen Stängeln; Blätter dem Lein ähnlich (daher der 2. Name der Pflanze: Frauenflachs), überwiegend wechselständig, linealisch, 2–8 cm lang und nur 1–5 mm breit, oberseits graugrün und kurz behaart; Blüten gestielt, zahlreich in einer dichten, endständigen Traube, Krone 2–3,5 cm lang, hellgelb, mit langem, geradem Sporn und orangegelbem Fleck, Blütezeit VI–IX.

Standort: Trockene, sonnige, sandige und steinige Böden, z. B. Bahndämme, Schotterfluren, Steinbrüche, Brachflächen, Abfallstellen.

Verbreitung: In EU weit verbreitet; in D häufig.

Wissenswertes: Nur große Hautflügler wie Hummeln können die Rachenblüte des G. L. öffnen, um zu den Nektarvorräten im Sporn vorzudringen.

Kriechendes Fingerkraut *Potentilla reptans*

ROSENGEWÄCHSE

Merkmale: Mehrjährig, mit kriechenden, bis zu 1 m langen, meist rötlichen Stängeln, die an den Knoten wurzeln und hier neue Blattrosetten anlegen; Blätter in grundständiger Rosette, lang gestielt, handförmig 5- bis 7-zählig, grob gezähnt, fast kahl; Blüten lang gestielt, einzeln auf langen Stielen in den Blattachseln, je 5 äußere und innere Kelchblätter, Kronen bis zu 2,5 cm breit, 5 Kronblätter goldgelb, vorne herzförmig, Blütezeit V–VIII.

Standort: Lückige Rasen, Wegränder, Raine, Böschungen, Brachen, Schuttstellen, benötigt nährstoffreiche Lehm- und Tonböden.

Verbreitung: Überall in EU verbreitet, in den Alpen bis in etwa 1500 m Höhe.

Wissenswertes: Früher fand das K. F. wegen des Gerbstoffgehalts der Blätter als Heilpflanze Verwendung. Die Früchte werden von Ameisen verbreitet.

Hohe Schlüsselblume *Primula elatior*

PRIMELGEWÄCHSE

Merkmale: Auch Wald-Primel genannte, mehrjährige Pflanze mit grundständiger Blattrosette; Blätter 2–8 cm breit und bis zu 20 cm lang, rasch in den nur wenig geflügelten Blattstiel verschmälert, oberseits dunkelgrün, runzelig, unterseits auf den Blattnerven wenig behaart; Blüten bis 2 cm breit, zu 5–20 in deutlich einseitswendiger Dolde auf 5–20 cm langem Schaft, Kronen hellgelb, ohne dunklere Schlundflecken, Blütezeit III–V.

Standort: Lichte, krautreiche Wälder, Wiesen mit lehmigem, nährstoffreichem (nicht gedüngtem!) Boden, Auengebüsche.

Verbreitung: In EU weit verbreitet und häufig; fehlt in D im NW; in den Alpen bis 2400 m.

Wissenswertes: Im gemeinsamen Verbreitungsgebiet mit der Duftenden Schlüsselblume finden sich mitunter schwer abgrenzbare Bastarde.

Klatsch-Mohn *Papaver rhoeas*

MOHNGEWÄCHSE

Merkmale: Einjährig, 30–80 cm hoch, mit aufrechtem, ästigem, borstig und abstehend behaartem Stängel; Blätter wechselständig, fiederteilig bis gefiedert; Blüten endständig, bis zu 8 cm breit, feuerrot, am Grund oft mit dunklen Flecken, Kelchblätter fallen frühzeitig ab, Blütezeit V–VII; Frucht eine breit eiförmige Kapsel (Zeichnung).

Standort: Wegränder, Gärten, Ackerland, Schuttstellen, Rohböden; vorzugsweise auf nährstoffreichen Böden.

Verbreitung: S- und M.-EU; in D häufig.

Wissenswertes: Mit Ausnahme der schwarzgrauen Samen enthalten alle Pflanzenteile mehrere Alkaloide, die jedoch im Unterschied zu den Inhaltsstoffen des Schlaf-Mohns kaum wirksam sind. Bienen sehen die Blüten wegen der starken UV-Reflexion bläulich. Die zahlreichen schwarzen Staubblätter produzieren zusammen etwa 2,5 Mio. Pollenkörner.

Wiesen-Schaumkraut *Cardamine pratensis*

KREUZBLÜTENGEWÄCHSE

Merkmale: Mehrjährig, 20–40 cm hoch, mit rundem, unverzweigtem Stängel, oft mit den schaumigen Hüllen von Zikadenlarven (Name); Grundblätter rosettig, Stängelblätter wechselständig, schmal gefiedert; Blüten bis zu 2 cm breit, Kronblätter rosa oder hellviolett, selten weiß, Kelchblätter mit hellem Hautsaum, Blütezeit IV–V, mitunter ein zweites Mal im IX.

Standort: Feuchte, lehmige Böden; Wiesen, Weiden, Brachen und Böschungen.

Verbreitung: Überall in EU häufig, prägt im April das Grünland.

Wissenswertes: An den Fiedern der Grundblätter entstehen Brutpflänzchen, wenn diese längere Zeit feucht bleiben (etwa zwischen dem Moos in Parkrasen). Auf diese Weise verbreitet sich die Art auch vegetativ.

Schmalblättriges Weidenröschen *Epilobium angustifolium*

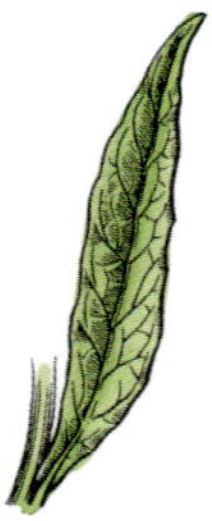

Merkmale: Mehrjährige Pflanze mit aufrechtem, unverzweigtem Stängel, 50–150 cm hoch; Blätter wechselständig, im oberen Stängelteil oft angenähert gegenständig, kurz gestielt, Spreite schmal lanzettlich, 9–12 cm lang, spitz, oberseits dunkel-, unterseits bläulich grün, am Rand umgebogen; Blüten 2–3 cm breit, zahlreich in endständigen, lockeren Trauben, Kronen 4-zählig, purpurrot, Blütezeit VI–VIII; Kapseln schlank.

Standort: Waldränder, Gebüsche, Böschungen, Brachflächen, Bahnschotter, Felsschutt.

Verbreitung: Überall in EU verbreitet und meist sehr häufig, tritt gewöhnlich truppweise auf.

Wissenswertes: Wie auch bei den übrigen Weidenröschen enthalten die dünnen Samenkapseln eine enorme Zahl winziger Samen mit weißen Flughaaren, die der Windverbreitung dienen.

Zottiges Weidenröschen *Epilobium hirsutum*

NACHTKERZENGEW.

Merkmale: Mehrjährige Pflanze mit reich verzweigtem, aufrechtem, dicht behaartem Stängel, 50–150 cm hoch; Blätter wechselständig, teilweise auch angenähert gegenständig, sitzend und halb stängelumfassend oder mit der Basis am Stängel leicht herablaufend, lanzettlich, 1–2 cm breit und 6–12 cm lang, scharf gesägt; Blüten 2–4 cm breit, lang gestielt in den Achseln der oberen Blätter, Kronen 4-zählig, rosenrot, Narben hellrosa, mit 4 weit ausgebreiteten Ästen, Blütezeit VII–VIII.

Standort: Hochstaudenfluren an Gewässern, Nasswiesen, Auenwälder, Gräben, Ufer.

Verbreitung: In EU mit Ausnahme des N weit verbreitet; in D im nördlichen Tiefland zerstreut, in den Alpen bis in 1250 m Höhe.

Wissenswertes: Das Z. W. wurde früher in Bauerngärten oft als Zierpflanze kultiviert.

Vogel-Knöterich *Polygonum aviculare*

KNÖTERICHGEWÄCHSE

Merkmale: Einjährige Pflanze mit 10–50 cm langen, liegenden oder wenig aufgerichteten, dunkel gestreiften Stängeln; Blätter wechselständig, sitzend, elliptisch, 1–3 cm lang, bis 7 mm breit; Blüten zu wenigen in den Blattachseln, rötlich, Blütezeit VI–X.

Standort: Äcker, Gärten, Wege, Schuttstellen, Pflasterfugen; Leitpflanze der so genannten Trittvegetation.

Verbreitung: In EU häufig, heute weltweit.

Herbst-Zeitlose *Colchicum autumnale*

LILIENGEWÄCHSE

Merkmale: Mehrjährige Pflanze mit tief sitzender Knolle; Blätter breit lanzettlich, glänzend grün, kahl, glattrandig, etwas fleischig; Blüten 3–5 cm lang mit bis zu 25 cm langer Röhre, lila, Blütezeit VIII–X, d. h. lange vor dem Laubaustrieb im folgenden Frühjahr; Kapselfrüchte im Hochsommer. Ganze Pflanze stark giftig!

Standort: Feuchtwiesen, grasige Hänge.

Verbreitung: Vor allem in M.-EU; in D stellenweise recht selten (geworden).

Rote Lichtnelke *Silene dioica*

NELKENGEWÄCHSE

Merkmale: Mehrjährig, bis 100 cm hoch; Blätter gegenständig, schmal eiförmig, behaart; zweihäusig, Blüten bis 2,5 cm breit, in gabeligem Blütenstand, Krone rot oder rosa, Nebenkrone weiß, Blütezeit IV–IX.

Standort: Gebüsche, Waldränder, Wiesen, Ufer.

Verbreitung: In EU fast überall häufig, fehlt im SO.

Wissenswertes: Anders als die weiß blühenden Arten ist die R. L. ein Tagblüher und wird nicht von Nachtfaltern, sondern von Hautflüglern bestäubt.

Wiesen-Klee, Rot-Klee *Trifolium pratense*

SCHMETTERLINGSBL.G.

Merkmale: Formenreiche, mehrjährige Pflanze mit aufsteigenden Stängeln; Blätter lang gestielt, 3-zählig gefiedert, Fiedern oval, glattrandig, heller oder purpurn gefleckt; Blüten purpurn oder rosa, in 2–3 cm breiten, kugeligen Köpfchen, diese meist zu 2, Kelch 10-nervig, behaart, Blütezeit V–VIII.

Standort: Weiden, Fettwiesen, Wegsäume.

Verbreitung: In EU weit verbreitet und häufig; vielfach als Futterpflanze angebaut.

Hohler Lerchensporn *Corydalis cava*

ERDRAUCHGEWÄCHSE

Merkmale: Mehrjährig wachsende Pflanze, bis zu 20 cm hoch; Blätter doppelt 3-zählig, kahl, bläulich grün; Blüten zu 10–20 in einer aufrechten Traube, Kronen purpurn, häufig auch weiß, seltener gelblich, Hochblätter zwischen den Blüten ungeteilt, Blütezeit III–V.

Standort: Humusreiche Laubwälder und Auen.

Verbreitung: In M.- und S-EU weit verbreitet, im nordwestlichen D selten, nach S zu häufiger.

Gewöhnliche Lichtnelke *Silene vulgaris*

NELKENGEWÄCHSE

Merkmale: Mehrjährig, bis 50 cm hoch, mit aufrechtem, nicht klebrigem Stängel; Blätter bläulich grün, kahl, länglich eiförmig bis lanzettlich; Blüten mit stark aufgeblasenem, netzadrigem, rötlichem Kelch (daher auch Taubenkropf-Leimkraut oder Aufgeblasenes Leimkraut genannt), Kronblätter weiß, tief 2-spaltig, Blütezeit VI–VIII.

Standort: Trockenrasen, Felsen, Böschungen, Gebüsche und Wegränder.

Verbreitung: Nahezu überall in EU anzutreffen.

Gewöhnliche Kratzdistel
Cirsium vulgare KORBBLÜTENGEWÄCHSE

Merkmale: Zweijährige, kräftige, formenreiche Pflanze, 60–120 cm hoch, Stängel aufrecht, durch herablaufende Blattränder stachelig kraus geflügelt; Blätter wechselständig, unterseits graufilzig, grob buchtig, enden jeweils mit einem langen, gelben Stachel; Blütenkörbchen kopfig, bis 4 cm breit und 8 cm lang, purpurn bis violettrot, nur Röhrenblüten, Blütezeit VII–X.

Standort: Brachflächen, Wegränder, Böschungen, gerne auf trockenen, lockeren Lehmböden. Stickstoffanzeiger.

Verbreitung: Überall in EU verbreitet; in den Alpen bis gegen 1700 m Höhe.

Wissenswertes: Die auch als Lanzett-Kratzdistel bezeichnete Art bildet im ersten Jahr ihres Wachstums bemerkenswert dekorative, bodenanliegende Blattrosetten aus.

Acker-Winde *Convolvulus arvensis*
WINDENGEWÄCHSE

Merkmale: Mehrjährige, linkswindende Kletterpflanze mit 20–100 cm langem, meist kriechendem Stängel; Blätter wechselständig, pfeil- bis spießförmig; Blüten gestielt in den Blattachseln, Kronen 2,5–4 cm breit, weiß mit rosa Streifen, blühen nur 1 Tag, Vorblätter unter dem Kelch klein, Blütezeit VI–IX.

Standort: Nährstoffreiche Äcker, Gärten, Weinberge, Brachen, auf Lehm- oder Tonböden. Lichtpflanze und Wärmezeiger.

Verbreitung: Fast in ganz EU; in D außerhalb der Gebirge recht häufig, in den Alpen bis Waldgrenze.

Wissenswertes: Vermutlich kam diese Art erst mit der Einführung des Ackerbaus aus dem Mittelmeerraum in die Gebiete nördlich der Alpen. Früher wurde sie als Heilpflanze verwendet. Bei der Bodenbearbeitung zerteilte Rhizomstücke wachsen zu kompletten Pflanzen heran.

Stinkender Storchschnabel
Geranium robertianum STORCHSCHN.G.

Merkmale: Ein- oder überwinternd zweijährig, mit aufrechtem, verzweigtem, meist karminrotem, dicht behaartem Stängel, Höhe 10–50 cm; Blätter 3- bis 5-zählig gefiedert, beim Zerreiben unangenehm riechend; Blüten 1–2 cm breit, lang gestielt, Kronen rosa mit hellen Streifen, Blütezeit V–X.

Standort: Gebüsche, Zäune, Mauern, Wälder.

Verbreitung: In EU fast überall häufig.

Wissenswertes: Die auch Ruprechtskraut genannte Pflanze ist bemerkenswert schattenverträglich und gedeiht noch bei etwa 1/40 des normalen Freilandlichtangebotes. Früher verwendete man sie als Heilpflanze gegen Blutungen, regional wegen des starken Geruchs auch gegen Motten. Durch Austrocknung lösen sich die nussähnlichen Fruchtteile kraftvoll von der langen Mittelsäule und werden bis 6 m weit weggeschleudert.

Rote Taubnessel *Lamium purpureum*
LIPPENBLÜTENGEWÄCHSE

Merkmale: Einjährige, 15–30 cm hohe Pflanze mit aufsteigenden oder aufrechten Stängeln; Blätter gegenständig, im oberen Stängeldrittel gehäuft, runzelig, weichhaarig; Blüten in Scheinquirlen, Kronen 1–1,5 cm lang, tiefrosa bis purpurn, Unterlippe dunkler gezeichnet, Blütezeit III–X, mitunter bis XII.

Standort: Äcker, Gärten, Weinberge, Brachen.

Verbreitung: In D wie fast überall in EU häufig.

Ähnlich: **Stängelumfassende Taubnessel** *Lamium amplexicaule*, Stängelblätter rundlich, sitzend, Kronen schlank, hellpurpurn; in D nicht allzu häufig.

Wiesen-Storchschnabel
Geranium pratense STORCHSCHNABELG.

Merkmale: Mehrjährig, bis zu 60 cm hoch, mit aufrechtem, verzweigtem, behaartem Stängel; Blätter handförmig 5- bis 7-teilig, bis fast zur Blattbasis eingeschnitten, im oberen Teil des Stängels gegenständig, oberseits kurzborstig, unterseits nur auf den Nerven schräg abstehend behaart; Blüten 2–4 cm breit, in Rispen, Kronen blauviolett, dunkler geadert, Kelch und Blütenstiele dicht kurzhaarig, Blütezeit VI–VIII, abgeblühte Stiele senken sich abwärts.

Standort: Nährstoffreiche, feuchte Wiesen, Gebüsche; v. a. auf nährstoffreichen Kalkböden.

Verbreitung: M.- und O-EU; in D nur im N selten; erreicht im Gebiet die Westgrenze seiner Verbreitung, die im O bis nach Japan reicht.

Wissenswertes: In der Blüte öffnen sich zuerst die Staubblätter und erst Tage später die Narbenäste.

Echtes Lungenkraut *Pulmonaria officinalis*
RAUBLATTGEWÄCHSE

Merkmale: Formenreiche, mehrjährige Pflanze mit aufrechtem, 15–30 cm hohem Stängel; Blätter borstig behaart, meist mit helleren Punkten, bei manchen Kleinarten auch einheitlich hell graugrün oder samtweich behaart; die Grundblätter lang gestielt, oval bis herzförmig, an der Basis plötzlich verschmälert, die Stängelblätter sitzend; Blüten zu mehreren in Wickeln, Kronen anfangs rosarot, später violettblau, daher im gleichen Blütenstand verschiedenfarbig getönte Blüten, Blütezeit III–V.

Standort: Krautreiche Laub- und Laubmischwälder, Gebüsche, Auen; vorzugsweise auf nährstoffreichen, kalkhaltigen Lehmböden.

Verbreitung: Fast überall in EU verbreitet; in D nach N zu recht häufig, im S ziemlich selten.

Wissenswertes: Die hier als so genannte Kleinarten aufgefassten Formen des E. L. mit unterschiedlicher Ausbildung der Blätter werden von Fachleuten mitunter auch als selbstständige Arten aufgelistet. Ihre genauere gegenseitige Abgrenzung ist schwierig.

Wegwarte *Cichorium intybus*
KORBBLÜTENGEWÄCHSE

Merkmale: Mehrjährige, 30–150 cm hohe Pflanze mit aufrechtem, sparrig verzweigtem Stängel; Grundblätter rosettig, Stängelblätter wechselständig, grob gesägt bis fiederteilig, die oberen zunehmend schmaler und nur noch wenig geteilt; Blütenkörbchen 3–4 cm breit, hellblau, seltener rosa oder weißlich, nur mit Zungenblüten, Blütezeit VII–IX.

Standort: Wegränder, Brachen, Wiesen, Schuttstellen; bevorzugt auf trockenem Boden.

Verbreitung: In EU weit verbreitet; im N von D nur zerstreut, fehlt außerdem in den Alpen.

Wissenswertes: Die Blütenköpfe öffnen sich nur bei sonnigem Wetter und sind sehr kurzlebig. Bereits am frühen Nachmittag des Aufblühtages verwelken sie wieder. Die W. ist die Stammpflanze von (Kaffee-)Zichorie und Chicorée.

Kriechender Günsel *Ajuga reptans*
LIPPENBLÜTENGEWÄCHSE

Merkmale: Mehrjährige, 15–30 cm hohe Pflanze mit aufrechtem Stängel und langen oberirdischen Ausläufern; grundständige Blätter als Rosette, spatelig, mit geflügeltem Blattstiel, Stängelblätter gegenständig, länglich oval, fast glattrandig, dunkelgrün; Blüten zu 2–6 in den oberen Blattachseln in dichten Scheinähren, Kronen blau, seltener rosa oder weiß, Oberlippe fehlt, Unterlippe ziemlich lang, 3-zipfelig, Blütezeit V–VII.

Standort: Feuchte Wiesen, Gebüsche, lichte Wälder, Säume, Wegränder, Gärten; auf Lehmböden.

Verbreitung: Im südlichen N- sowie in M.-EU fast überall verbreitet; in D häufig.

Wissenswertes: Die Tragblätter der Blüten sind an ihrer Basis meist blauviolett verfärbt und verstärken so die optische Wirkung des Blütenstands.

Wiesen-Salbei *Salvia pratensis*

LIPPENBLÜTENGEWÄCHSE

Merkmale: Mehrjährige, 30–80 cm hohe Pflanze mit hohlem, ästig verzweigtem Stängel; Blätter gegenständig, gestielt, bis 12 cm lang, breit oval, an der Basis herzförmig, grob und unregelmäßig gezähnt bis gelappt, runzelig; Blüten zahlreich in endständiger, lockerer Ähre, Kronen 2–2,5 cm lang, blauviolett, selten hellblau oder rosa, Oberlippe sichelförmig, Blütezeit V–VIII.

Standort: Halbtrockenrasen, Dämme, Böschungen, meist auf kalkhaltigem Boden.

Verbreitung: Vor allem in M.-EU verbreitet, nordwärts bis zum nördlichen D und England.

Wissenswertes: Wenn Bienen oder Hummeln mit ihrem Rüssel in die Kronröhre vordringen, stoßen sie an die gelenkig aufgehängten Staubblätter, die daraufhin herunterklappen und den Pollen auf den pelzigen Insektenrücken abladen.

Wiesen-Glockenblume *Campanula patula*

GLOCKENBLUMENGEWÄCHSE

Merkmale: Formenreich, zweijährig, Stängel aufrecht, wenig beblättert, 20–60 cm hoch; grundständige Blätter schmal oval, 3–5 cm lang, kurz gestielt, Stängelblätter wechselständig, schmal lanzettlich, sitzend; Blüten zu 3–10 schräg aufrecht in einer lockeren Rispe, Kelch tief in 5 schmale Zipfel geteilt, Krone 1,5–2,5 cm lang, helllila bis blauviolett getönt, etwa zur Hälfte in 5 breite Zipfel geteilt, Blütezeit V–VIII.

Standort: Wiesen, Wegränder, lichte Laubwälder, Gebüsche, benötigt kalkarme, nicht zu feste Lehm- und Tonböden.

Verbreitung: In EU fast überall; in D nur im nördlichen Tiefland selten, sonst häufig, im Bergland bis in etwa 1500 m Höhe.

Wissenswertes: Die Blüten sind sonnenwendig und werden während ihrer Entwicklung zur Haupteinfallsrichtung des Lichts orientiert.

Rundblättrige Glockenblume

Campanula rotundifolia GLOCKENBL.G.

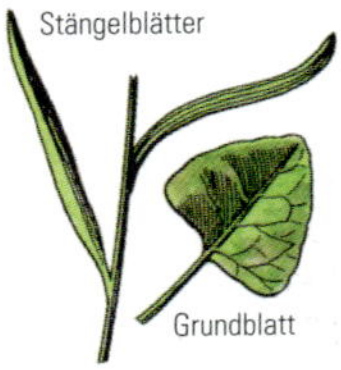

Merkmale: Mehrjährig, 10–30 cm hoch, Stängel aufrecht; nur die grundständigen Blätter der Rosette sind im Umriss rundlich (Name!), zur Blütezeit sind sie meist nicht mehr vorhanden, bleibende Stängelblätter dagegen schmal linealisch; Blüten 1,5–2 cm lang, zu 2–8 in lockeren Rispen, blauviolett, Blütezeit VI–IX.

Standort: Magerrasen, Felsfluren, Dämme, Mauerspalten, lichte Wälder, Dünen.

Verbreitung: In EU fast überall häufig.

Wissenswertes: Die Art vermehrt sich außer durch Samen auch über dünne unterirdische Ausläufer. Glockenblumen sind ein Paradebeispiel für sog. sekundäre Pollenpräsentation: Schon in der Knospe wird der klebrige, bläuliche Pollen am Griffel abgelegt, und von dort (nicht aus den Staubbeuteln) sammeln ihn die Blütenbesucher ab.

Gewöhnl. Flockenblume

Centaurea jacea KORBBLÜTENGEWÄCHSE

Merkmale: Auch Wiesen-Flockenblume genannte, mehrjährige, 30–70 cm hohe Pflanze mit aufrechtem, verzweigtem Stängel; Blätter wechselständig, lanzettlich, meist glattrandig, rau behaart; Blütenkörbchen 2–4 cm breit, nur mit violetten Röhrenblüten, von denen die randlichen stark vergrößert und steril sind, Blütezeit VI–X.

Standort: Trockenwiesen, Magerrasen, Feldraine.

Verbreitung: In EU fast überall verbreitet, vom Tiefland bis etwa zur Laubwaldgrenze.

Ähnlich: **Skabiosen-Flockenblume** *Centaurea scabiosa*, Blätter tief fiederspaltig, Hüllblätter mit schwärzlichem Rand; Standorte und Verbreitung wie die Gewöhnl. F.

Große Brennnessel *Urtica dioica*

BRENNNESSELGEWÄCHSE

Merkmale: Mehrjährig, 30–200 cm hoch, mit aufrechtem, unverzweigtem, 4-kantigem, faserigem Stängel; Blätter gegenständig, länglich oval, grob gesägt, wie der Stängel mit langen Brennhaaren besetzt; Pflanze zweihäusig, Blüten unscheinbar, grünlich, zahlreich in hellgrünen, aus den Blattachseln herabhängenden Rispen, Pollen werden aus explodierenden Staubbeuteln in kleinen Wolken freigesetzt, Blütezeit VI–X.

Standort: Wegränder, Brachland, Hecken, Schuttstellen, Wälder, Ufer. Stickstoff-Zeigerpflanze.

Verbreitung: Überall in EU sehr häufig, in gemäßigten Breiten heute durch Verschleppung weltweit verbreitet.

Wissenswertes: Die G. B. ist ein vielseitig verwendbares Gewächs: Man nutzt(e) sie als Wildgemüse, Heil- und Faserpflanze. Die Zellen der aus den Stängelleitbündeln gewonnenen Fasern sind mit bis zu mehr als 7 cm die längsten aller heimischen Pflanzen. Früher stellte man daraus nach Verspinnen und Verweben „Nessel"tuch her. Die langen, schlanken Brennhaare sind im Prinzip einzellig, jedoch mit ihrer bauchig erweiterten Basis in einen mehrzelligen Höcker aus grünem Blattgewebe eingelassen. Nach dem Abbrechen der bemerkenswert spröden Köpfchenspitze wirkt das Brennhaar wie eine Injektionskanüle und spritzt hochwirksame Stoffe (u. a. Acetylcholin und Histamin) in die obersten Hautschichten, die dort die üblichen Entzündungssymptome mit Rötung, Schwellung, Erwärmung und Schmerz hervorrufen. Brennnesseln vermehren sich an ihren Standorten überaus erfolgreich auch vegetativ durch verzweigte Rhizome.

Ähnlich: **Kleine Brennnessel** *Urtica urens*, einjährig, Blätter elliptisch bis eiförmig, mit Brennhaaren; einhäusig, Blütenstände bis 2 cm lang. Brennhaare noch wirksamer als bei der Großen B.

Großer Wegerich, Breit-W.

Plantago major

WEGERICHGEWÄCHSE

Merkmale: Mehrjährig, 10–40 cm hoch; alle Blätter in einer grundständigen Rosette, kahl, Spreite im Umriss breit oval, 10–15 cm lang, mit 3–9 deutlichen parallelen Nerven, plötzlich verschmälert in den kräftigen Stiel; Blüten unscheinbar grünlich, zahlreich in einer schlanken, bis 15 cm langen Ähre, Blütezeit VI–X.

Standort: Wege, Wegränder, Plätze, Abfallstellen, auf verdichteten Lehm- und Tonböden.

Verbreitung: Überall in EU häufig.

Wissenswertes: Die Blätter der erstaunlich trittfesten Rosette schließen einen Winkel von jeweils 135 Grad ein und überlappen sich nur minimal – 8 Blätter ergeben somit 3 komplette Umgänge. Die dicken Hauptblattnerven verlaufen parallel wie sonst bei den Einkeimblättrigen. Die Samen sind bei Feuchtigkeit klebrig und werden so durch Anheften an Tiere verbreitet.

Gewöhnlicher Beifuß

Artemisia vulgaris

KORBBLÜTENGEWÄCHSE

Merkmale: Mehrjährig, bis zu 1,50 m hoch, Stängel aufrecht, starr, etwas kantig, meist braunrot überlaufen; Blätter wechselständig, grob gezähnt bis fiederteilig mit schmalen, spitzen Zipfeln, oberseits dunkelgrün, unterseits dicht grauweiß behaart, die unteren lang gestielt, die oberen sitzend; Blütenkörbchen nur 2–3 mm breit, unscheinbar grünlich- bis gelbbraun, zahlreich in langen Rispen, ausschließlich mit Röhrenblüten, Blütezeit VII–IX.

Standort: Brachflächen, Wegränder, Böschungen; zeigt nährstoffreichen Lehmboden an.

Verbreitung: Fast überall in EU verbreitet und ziemlich häufig.

Wissenswertes: Der G. B., früher wie heute als Würz- und Heilpflanze genutzt, enthält Bitterstoffe und aromatisch duftendes ätherisches Öl.

Wiesen-Sauerampfer *Rumex acetosa*

KNÖTERICHGEWÄCHSE

Merkmale: Mehrjährig, bis zu 1,20 m hoch; Grundblätter gestielt, Stängelblätter sitzend, Spreiten mit abwärts gerichteten Spießecken; zweihäusig, Blüten rötlich grün in schlanken Rispen, Blütezeit V–VI.

Standort: Wiesen, Weiden, Brachflächen, Wegränder.

Verbreitung: Überall in EU häufig.

Wissenswertes: Die Blätter werden als Wildgemüse verwendet, sie schmecken aufgrund ihres Oxalsäuregehalts säuerlich.

Spitz-Wegerich *Plantago lanceolata*

WEGERICHGEWÄCHSE

Merkmale: Mehrjährig, 10–50 cm hoch; alle Blätter grundständig, zerstreut behaart, schmal lanzettlich, 2–4 cm breit und 10–30 cm lang; Blüten bräunlich, mit langen Staubfäden, zahlreich in zylindrisch ovaler Ähre auf 5-kantigem Schaft, ringweise aufblühend, Blütezeit IV–X.

Standort: Wiesen, Weiden, Wegränder, Säume, Schuttplätze.

Verbreitung: In ganz EU weit verbreitet; in D überall sehr häufig, im Gebirge bis in rund 1750 m Höhe.

Wald-Bingelkraut *Mercurialis perennis*

WOLFSMILCHGEWÄCHSE

Blattlänge bis 10 cm

Merkmale: Mehrjährige, 15–35 cm hohe Pflanze mit aufrechtem, unverzweigtem Stängel ohne Milchsaft; Blätter gegenständig, im oberen Stängelbereich gedrängt, lanzettlich, dunkelgrün, beim Zerreiben unangenehm duftend; Blüten zweihäusig verteilt, unscheinbar grünlich, Blütezeit IV–VI.

Standort: Humusreiche, tiefgründige Laub- und Mischwälder.

Verbreitung: Fast überall in EU verbreitet.

Krauser Ampfer *Rumex crispus*

KNÖTERICHGEWÄCHSE

Merkmale: Formenreich, mehrjährig, 50–120 cm hoch, mit verzweigtem Stängel; Blätter gestielt, ledrig, 6–8 cm breit, bis zu 30 cm lang, zugespitzt, am Rand wellig kraus; Blüten in dichten Knäueln, grün, Blütezeit VI–VIII.

Standort: Gärten, Äcker, Wegränder; auf feuchten, nährstoffreichen, dichten Lehm- und Tonböden; so genannter Rohbodenpionier.

Verbreitung: In EU weit verbreitet, in D fast überall häufig, stellenweise lästiges Wildkraut.

Gewöhnlicher Frauenmantel *Alchemilla vulgaris*

ROSENGEWÄCHSE

Merkmale: Formenreiche, mehrjährige, meist 15–50 cm hohe Pflanze; Blätter handförmig rund, 7- bis 11-lappig, entlang der Hauptrippen gefaltet, am Rand gezähnt, weichhaarig oder kahl; Blüten unscheinbar grünlich gelb, höchstens 4 mm breit, ohne Kronblätter, Blütezeit V–IX.

Standort: Wiesen, Weiden, Waldränder, Gebüsche, überwiegend im Bergland.

Verbreitung: Fast überall in EU verbreitet.

Kleine Wasserlinse *Lemna minor*

WASSERLINSENGEWÄCHSE

Merkmale: Mehrjährige Schwimmpflanze mit rundlichen, blattähnlichen, 2–3 mm breiten Gliedern und einfacher, fädiger Wurzel, meist 2–5 Exemplare zusammenhängend; Blüten unscheinbar, sehr einfach, häufig ganz fehlend, Blütezeit V–VIII; Vermehrung überwiegend vegetativ, Verbreitung geschieht durch Wasservögel.

Standort: Nährstoffreiche Stillgewässer.

Verbreitung: Fast überall in EU häufig, auch in D.

Einjähriges Rispengras
Poa annua SÜSSGRÄSER

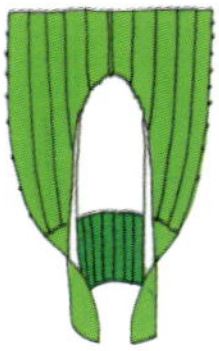

Merkmale: Häufiges, 1- bis 2-jähriges, bisweilen ausdauerndes Gras, anspruchslos, bildet dichte Horste, von wenigen cm bis 30 cm groß, aufrecht bis niederliegend; gesamte Pflanze kahl. Blätter grün; Blattscheiden beidseitig gekielt, leicht zusammengedrückt, glatt; Blatthäutchen etwa 2 mm lang; Blattspreiten bis 15 cm lang und 5 mm breit, jung oft wellig gefältelt, tief v-förmig, Blattspitze bootsbugförmig. Blütenstand eine Rispe, bis 8 cm lang, schmal dreieckig bis pyramidal, einseitswendig; Rispenäste glatt, ausgebreitet; Ährchen 3–4 mm lang; untere Hüllspelzen 1-, obere 3-nervig; Deckspelzen 5-nervig, gekielt; Blütezeit I–XII.

Standort: Auf frischen und nährstoffreichen Böden von Trittrasen, Wegen und Plätzen, in Pflasterritzen, Gärten und Äckern.

Verbreitung: Heutzutage weltweit verschleppt.

Wiesen-Fuchsschwanz
Alopecurus pratensis SÜSSGRÄSER

Merkmale: Ausdauernd, in lockeren oder dichteren Horsten, Halme aufrecht oder bogig aufsteigend, auffallend wenige Knoten, 30–120 cm hoch. Blätter mit gestutztem Blatthäutchen, bis 2,5 mm lang, ganzrandig; Blattscheiden glatt, aufgespalten und leicht aufgeblasen, glatt; Blattspreiten unbehaart, kräftig grün, leicht rau oder glatt, schmal zugespitzt, flach, 3–10 mm breit und 5–40 cm lang. Blüten in Ährenrispen, diese sehr dicht, zylindrisch, vorne stumpf, sehr weich, 3–12 cm lang und bis 10 mm breit, trübgrün oder leicht purpurn überlaufen; Ährchenstiele sehr kurz, aufrecht; Ährchen um 5 mm lang, länglich-elliptisch, 1-blütig, Hüllspelzen 3-nervig und auf dem Kiel behaart; Deckspelzen wenig länger als die Hüllspelzen, gekielt; Blütezeit IV–VII.

Standort: Feuchte Wiesen, Baumgärten, Uferfluren. Nässezeiger, schattenverträglich. Auf landwirtschaftlichen Flächen ertragreiches Gras von gutem Futterwert.

Verbreitung: EU, in N-Amerika eingeführt.

Gewöhnliche Quecke *Elymus (Agropyron) repens*
SÜSSGRÄSER

Merkmale: Ausdauernd, mit weithin kriechender, bleicher Grundachse und Ausläufern, in Gruppen oder Herden wachsend, 20–150 cm hoch, aufrecht, an der Basis bisweilen gebogen, glatt. Blätter mattgrün, manchmal blaugrün (abwischbar); Blattöhrchen kurz, bewimpert, halmumfassend, spitz; Blatthäutchen kürzer als 1 mm; Blattspreiten zugespitzt, bis 30 cm lang und 10 mm breit, schlaff, oberseits kurz behaart und rau. Blütenstand eine Ähre, etwa 10 cm lang, aufrecht oder gebogen; Ährchen locker bis dicht, 10–20 mm lang, 3- bis 8-blütig, elliptisch, flach, breite Seite der Ährenspindel zugewandt; Hüllspelzen lanzettlich, bis 12 mm lang, 3- bis 7-nervig, gekielt, aufwärts rau, mit Spitze; Deckspelzen bis 13 mm lang, 5-nervig, oft mit kurzer, grannenartiger Spitze; Vorspelzen mit 2 rauen Kielen; Blütezeit VI–VIII.

Standort: Feld-, Weg- und Straßenränder, Brachen, Gärten, Äcker, auf Lehmböden.

Verbreitung: Sehr häufig; EU, N-Amerika, gemäßigtes Asien.

Wiesen-Lieschgras, Timotheusgras *Phleum pratense*
SÜSSGRÄSER

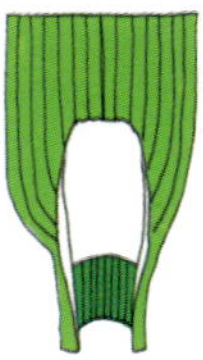

Merkmale: Ausdauerndes, locker- bis dichthorstig wachsendes Gras, Halme aufrecht oder bogig aufsteigend, 40–150 cm hoch, ziemlich kräftig, mit 3–6 Knoten, glatt, unterste Internodien verdickt und ziemlich kurz. Blätter mit stumpfem, bis 6 mm langem Blatthäutchen; Blattscheiden glatt, rund, später flach, zugespitzt, rau, bis 9 mm breit und 40 cm lang. Blüten in Ährenrispen, diese sehr dicht, zylindrisch, graugrün, 6–15 cm lang und bis 1 cm breit; Ährchen immer 1-blütig; Hüllspelzen an den Seiten häutig, mit 1–2 mm langer Granne, Deckspelzen deutlich kürzer; Blütezeit VI–VIII.

Standort: Häufig in Fettwiesen und -weiden auf frischen, nährstoffreichen Lehm- und Tonböden. Gilt als gutes Futtergras, wird in vielen Sorten mit unterschiedlichem Wuchs angesät.

Verbreitung: EU mit Schwerpunkt in M.-, W- und südlichem N-EU.

Glatthafer *Arrhenatherum elatius*

SÜSSGRÄSER

Merkmale: Ausdauernd, in lockeren Horsten, 50–150 cm hoch, Halme aufrecht, mit 3–5 dicken Knoten. Blattscheiden der Blätter auf der Rückseite rund, glatt oder locker behaart; Blatthäutchen 1–3 mm lang, meist ganzrandig; Blattspreiten 5–10 mm breit und bis 40 cm lang, schmal zugespitzt, flach, locker behaart oder völlig kahl, aber leicht rau. Blüten in Rispen, diese im Umriss länglich-lanzettlich, aufrecht oder etwas überhängend, glänzend grün oder leicht purpurn überlaufen, bis 30 cm lang, Rispenäste ungleich lang, in Büscheln, rau; Ährchen um 10 mm lang, meist 2-blütig; Hüllspelze häutig, spitz, untere 1-nervig, obere 3-nervig, Deckspelzen bis 10 mm lang, unterste 10–16 mm lang begrannt; Blütezeit VI–IX.
Standort: Häufig in Grasbeständen an Gräben, Hecken, Dämmen, Böschungen, auf mäßig trockenen, nährstoffreichen Böden. Landwirtschaftlich ein wertvolles Futtergras.
Verbreitung: Ganz EU, von der Ebene bis in mittlere Gebirgslagen (in den Alpen bis 1400 m).

Breitblättriger Rohrkolben

Typha latifolia ROHRKOLBENGEWÄCHSE

Merkmale: Grasähnliche Wasser- oder Uferpflanze, 1–2,5 m hoch; gehört in eine eigene Pflanzenfamilie. Blätter breit linealisch, blaugrün, nicht glänzend, 1–2 cm breit und bis 1,5 m lang, den Blütenstand häufg überragend, am Grunde mit offener, häutiger, oben leicht geöhrter Blattscheide, oberseits flach, unterseits leicht gewölbt und von schwammigem Mark angefüllt. Blüten eingeschlechtig; zahlreiche ♀ Blüten bilden einen massiven, oft über 20 cm langen, braunschwarzen Kolben („Zylinderputzer"), darüber und deutlich abgesetzt schließen sich direkt die ♂ Blüten an; ♀ Einzelblüten aus einem gestielten Fruchtknoten mit dichtem Haarkranz bestehend, ♂ Blüten zu je 3 auf verzweigtem Stielchen sitzend, mit Staubblättern, die von wenigen Haaren umgeben sind; Blütezeit VII–VIII.
Standort: Moore, Gräben, Nasswiesen, Uferröhricht von Seen oder langsam fließenden Flüssen.
Verbreitung: Alle Kontinente der Nordhalbkugel, regional auch in den Tropen.

Knäuelgras *Dactylis glomerata*

SÜSSGRÄSER

Merkmale: Mehrjähriges Obergras, 50–120 cm hoch, graugrün, in oft dichten und vitalen Horsten, Halme kräftig, aufrecht, ohne Ausläufer. Blätter graugrün; Blattscheiden zunächst geschlossen, rau oder glatt, auf Bauch- und Rückennaht scharf zweischneidig gekielt; Blattspreiten in der Knospenlage gefaltet, später flach, aber unterseits gekielt, bis 45 cm lang und 2–14 mm breit, zugespitzt, ohne Öhrchen; Blatthäutchen 3–5 mm lang, gezähnelt und meist zerschlitzt. Blütenstand eine große, einseitswendige Ährenrispe, im Umriss dreieckig, mit dicht stehenden, geknäuelten Ährchen, unterste Rispenäste fast waagrecht, rau; Ährchen 5–9 mm lang, 3- bis 5-blütig, zusammengedrückt; Hüllspelzen 1- bis 3-nervig, spitz, mit 1,5 mm langer Granne; Blütezeit VI–IX.
Standort: Mäßig trockene bis feuchte, nährstoffreiche Böden; Grünland, Wegränder, Schuttplätze. Stickstoffzeiger.
Verbreitung: Von der Ebene bis ins Gebirge (Alpen bis 1950 m). EU, außerdem weltweit verschleppt.

Schmalblättriges Wollgras

Eriophorum angustifolium SAUERGRÄSER

Merkmale: Ausdauernd, 20–70 (90) cm hoch, meist in lockeren Rasen mit langen Ausläufern; Stängel aufrecht, rund und nur im oberen Teil stumpf 3-kantig, glatt, wenig beblättert. Blattscheide des obersten Stängelblatts nur wenig aufgeblasen; Blattspreiten linealisch, leicht rinnig, etwa 2–6 mm breit, nur an der Spitze 3-kantig, an den Rändern rau, graugrün, oft rötlich überlaufen. Blütenstand mit meist 3–5 anfangs sitzenden bis aufrechten, später hängenden Ährchen; jedes Ährchen 10–20 mm lang, mit bis zu 50 Einzelblüten, zur Blütezeit eher unauffällig, zur Fruchtreife weithin auffallend; Ährchenachsen glatt; Spelzen braun, spitz, mit Hautrand; Wollhaare zur Fruchtreife 4–5 cm lang; Blütezeit III–V, in höheren Lagen auch deutlich später; Fruchtreife ab V.
Standort: Schlammige Böden von Nasswiesen, Quellmoore, Gräben, Uferbereiche von Moorseen, Niedermoore. Oft in Massenvorkommen.
Verbreitung: EU, nördliches Asien, N-Amerika, in den Alpen bis in über 2000 m Höhe.

Adlerfarn *Pteridium aquilinum*

ADLERFARNGEWÄCHSE

Merkmale: Mehrjährige, stattliche Pflanze (größte heimische Farnart) mit langem, weithin kriechendem Wurzelstock, der jährlich nur 1 großen, bis 2 m hohen Wedel entwickelt; Blattstiel bis 1 cm dick, gelblich, auf der Unterseite rinnig; Wedel im Umriss breit dreieckig, 2- bis 4-fach gefiedert und in einer Ebene ausgebreitet, hell- bis frischgrün, im Herbst goldgelb, bogig überhängend; Fiederblättchen schmal länglich, in dichter Folge, spitz, mit eingerolltem Rand; Sporenbehälter in zusammenhängender Linie auf der Blattunterseite entlang des Blattrandes; Sporenreife VIII–IX.

Standort: Häufig und bestandsbildend in lichten Eichen- und Kiefernwäldern, auf aufgelassenen Weiden und in Heidegebieten, meist auf basenarmen, sauren, sandig-humosen Lehmböden; erträgt zeitweilige Wasserstauung.

Verbreitung: Kosmopolitischer Waldfarn. Im Gebirge bis auf etwa 1700 m.

Wissenswertes: Für Weidetiere giftig! Auf Waldlichtungen unterdrückt der A. die Naturverjüngung.

Brunnenlebermoos

Marchantia polymorpha LEBERMOOSE

Merkmale: Lager breit bandförmig und gabelig geteilt; Bänder um 1 cm breit, liegen der Wuchsunterlage flach an oder steigen an den Lappenenden wenig auf, überlagern sich teilweise, am Rand leicht gekräuselt, dunkelgrün, leicht glänzend; Oberfläche zellig gegliedert, an den Enden der Lagerlappen gelegentlich mit 1–2 cm hohen Schirmchen, die stark eingekerbten sternförmigen mit ♀ Gametenbehältern, die weniger stark gegliederten scheibenähnlichen mit ♂; häufig mit tassenförmigen Brutbechern, in denen linsenförmige Brutkörper für die vegetative Vermehrung abgegliedert werden. Die reifen Brutkörper werden durch auftreffende Regentropfen ausgeschleudert. Formenreiche, schattenverträgliche Art.

Standort: An feuchten Stellen in Brunnenschächten oder feuchten Gebäudewinkeln, an Grabenrändern und Bachufern sowie in Nasswiesen; häufig auch in Gewächshäusern. Vorzugsweise auf nährstoffreichen Böden.

Verbreitung: In den gemäßigten Breiten weltweit.

Gewöhnlicher Wurmfarn

Dryopteris filix-mas WURMFARNGEWÄCHSE

Merkmale: Ausdauernder, großer, formenreicher Farn mit rosettig am Wurzelstock ansetzenden Wedelblättern, bis 1,20 m hoch; Blattstiel kräftig, gelblich, oberseits schwach rinnig, spärlich mit bleichen Schuppen besetzt; Blattspreite länglich lanzettlich, zur Basis wenig, zur Spitze stärker verschmälert, einfach gefiedert, bis zum Wintereinbruch grün, danach bräunlich und rasch vergehend; Fiedern schlank, ihrerseits fiederteilig; Fiederabschnitte elliptisch, zur Spitze zunehmend wechselständig, grob gezähnt; Sporangiengruppen rundlich, anfangs mit nierenförmigem Schleier; Sporenreife VII–IX.

Standort: Krautreiche Wälder.

Verbreitung: Vom Tiefland bis ins Gebirge häufig. In EU mehrere weitere sehr ähnliche Arten.

Wissenswertes: Mit Extrakten aus dem Wurzelstock dieses Farns bekämpfte man früher Bandwurmbefall. Der G. W. ist ein stabiler Artbastard aus dem sehr seltenen Kleinen Wurmfarn *(D. oreades)* und einer osteuropäisch-asiatischen Art.

Gelbe Wandflechte *Xanthoria parietina*

BLATTFLECHTEN

Merkmale: Lager bis etwa 10 cm im Durchmesser, mit 1–5 mm breiten, nach vorn verbreiterten und abgerundeten Lappen, kräftig gelb bis orangefarben, nur an schattigen Standorten auch leicht grünlich. Die Lappen bzw. Äste überdecken sich randlich und liegen der Wuchsunterlage eng und schlecht ablösbar an. Scheibenförmige, bis 4 mm breite Vermehrungseinrichtungen (Apothecien) fast immer in größerer Zahl vorhanden, dunkler orangegelb als das Lager, mit hellerem Lagerrand.

Standort: Gern auf nährstoffreichen, staubgedüngten Rinden frei stehender Bäume, häufig auch auf Mauern, Dachziegeln und anstehendem Gestein; an Küstenfelsen oft bestandsbildend. Am gleichen Standort weitere und z. T. recht ähnliche Arten. Auch in Gebieten mit reichlicher Stickstoffdüngung aus der Intensivlandwirtschaft häufig.

Verbreitung: In ganz EU häufig, außer im hohen N.

Wissenswertes: Früher wurde die G. W. versuchsweise als Fiebermittel sowie zum Färben von Textilien verwendet.

Fichtensteinpilz *Boletus edulis* essbar

Merkmale: Hut bis 20 (25) cm breit, jung beinahe halbkugelig, festfleischig, älter polsterförmig und weich, in trockenem Zustand fast glatt erscheinend, feucht wenig bis stark schmierig, jung oft cremeweiß, später hell bis dunkelbraun gefärbt. Poren zunächst sehr eng und weiß, später weiter und leicht gelb bis gelbgrün, bei älteren Exemplaren olivgrün; Röhren wie die Poren gefärbt. Stiel kräftig, bis zu 20 cm lang und 2–7 cm breit, keulig, bauchig, jung weißlich bis blass bräunlich, von der Stielspitze abwärts mit einem mehr oder weniger ausgeprägten, erhabenen weißen Netz überzogen. Fleisch weiß, nur unter der Huthaut etwas blass rosa-rötlich getönt; Geruch angenehm, Geschmack mild.

Speisewert: Guter Speisepilz. Im Sommer sind Steinpilze allerdings sehr oft von Maden befallen. Es empfiehlt sich, die Funde bereits im Wald zu putzen und durchzuschneiden.

Vorkommen: Mykorrhizapilz der Fichte, in Nadel- und Mischwäldern, vor allem in der Nadelstreu unter Fichten, auch auf mit Fichten durchsetzten Almweiden, auf nährstoffarmen, sauren Sand- und Silikatböden, aber ebenso auf Kalkböden mit versauerten Oberflächen. Der F. ist in EU weit verbreitet und häufig. Man kann ihn vom Flachland bis in höhere Gebirgslagen antreffen. VIII–X.

Wissenswertes: Dieser Steinpilz wird immer wieder mit dem sehr bitter schmeckenden Gallenröhrling verwechselt, der aber rosa Poren und ein olivfarbenes Stielnetz aufweist. Nicht selten ist der F. mit Fliegenpilzen (⇨ S. 184), die ähnliche Standortansprüche haben, vergesellschaftet.

Beim Fichtensteinpilz bildet sich die weißliche Netzzeichnung der Stieloberfläche nicht immer so deutlich aus wie auf dem hier gezeigten Exemplar. Oft reicht sie nur bis zur Stielmitte oder man kann sie bloß an der Stielspitze erkennen.

Echter Pfifferling *Cantharellus cibarius* essbar

Merkmale: Hut bis etwa 10 cm breit, jung gewölbt, bald unregelmäßig trichterförmig, Rand mehr oder weniger wellig verbogen, glatt matt, dottergelb, hin und wieder heller oder auch nur sehr blass gelblich gefärbt. Leisten weit am Stiel herablaufend, unregelmäßig, wellig, gegabelt, am Grund queraderig verbunden, wie der Hut gefärbt. Stiel bis etwa 6 cm lang, bis 2 cm dick, voll, oben konisch erweitert, in den Hut übergehend, blassgelb. Fleisch kompakt, im Stiel ziemlich faserig, blassgelb; Geruch kräftig würzig, Geschmack mild bis leicht pfefferig scharf.

Speisewert: Bekannter und begehrter Speisepilz; wegen seines würzigen Geschmacks vielseitig verwendbar, als Einzel- oder im Mischgericht. Getrocknet und anschließend zu Pilzpulver zerrieben oder gemahlen eignet er sich besonders gut zum Würzen von Soßen und Fleischgerichten.

Vorkommen: Mykorrhizapilz in Laub- und Nadelwäldern, wächst einzeln bis gesellig zwischen Laub- und Nadelstreu, gern zwischen Heidelbeeren, an moosigen und grasigen Stellen. In EU weit verbreitet und örtlich häufig, mancherorts aber in den Beständen rückläufig. VI–IX. **RL**

Wissenswertes: Eine Unsitte ist es, winzige, kaum 1 cm große Pilzchen auszureißen. Jedes Jahr kommen etliche Tonnen dieses klassischen Speisepilzes auf den Markt, v. a. aus dem östlichen Ausland (Polen). Die Züchtung des E. P. und seiner Verwandten ist nicht möglich, da alle Pfifferlingsarten mit Bäumen in Symbiose leben.

Ähnlich: Der **Samtige Leistling** *Cantharellus friesii* ist zarter beschaffen und deutlich orange gefärbt. Er wächst gerne auf nährstoffarmen, sauren Böden in Laubwäldern; essbar. **RL**

Roter Fliegenpilz *Amanita muscaria* giftig

Merkmale: Hut bis zu 15 (20) cm breit, jung von einer weißen Gesamthülle umschlossen, später halbkugelig, bei älteren Pilzen gewölbt bis fast ausgebreitet, am Rand gerieft, Färbung leuchtend rot oder orangerot, manchmal zu orangegelblich verblassend, Oberfläche mit weißen, flockigen Hüllresten besetzt, die manchmal infolge von Regen fehlen. Lamellen am Stiel frei, relativ dicht stehend, untermischt, weiß. Stiel bis etwa 15 cm lang, 1,5–3 cm dick, mehr oder weniger zylindrisch, Oberfläche weißlich, seidig flockig, mit herabhängendem, lappig-häutigem, gerieftem Ring, Basis knollig und von einem bis mehreren warzigen Gürteln umgeben. Fleisch dick, weiß, unter der Huthaut orangegelblich; Geruch und Geschmack unbedeutend.

Speisewert: Giftig! Bereits 1/2 bis 2 Stunden nach dem Verzehr des R. F. treten psychische, rauschartige Veränderungen mit Schwindel, Mattigkeit und Gehstörungen auf. In der Regel klingt diese Vergiftung nach etwa 10 Stunden wieder ab.

Vorkommen: Mykorrhizapilz in dichten wie lichten Nadel- und Laubwäldern, gern unter Birken, v. a. auf sauren Böden; einzeln bis gesellig. In M.-EU weit verbreitet, fast überall häufig. VIII–X.

Wissenswertes: Der **Königsfliegenpilz** *A. regalis* hat eine umbrabraune Huthaut mit gelben bis graugelblichen Hüllresten. Er ist in den östlichen Bergnadelwäldern wie dem Bayerischen Wald häufiger zu finden und ebenso **giftig**. **RL**

Nach Regenfällen können die weißen, flockigen Hüllreste auf dem Hut des Fliegenpilzes auch fehlen. Die reinweißen Lamellen und der Warzengürtel an der knolligen Stielbasis sind dann kennzeichnend für die Art.

Kegelhütiger Knollenblätterpilz *Amanita virosa* giftig!

Merkmale: Hut bis 10 cm breit, kegelförmig, im Alter auch gewölbt, jung von einer weißen, häutigen Gesamthülle umschlossen, feucht klebrig, trocken kahl und glatt, seidig glänzend, weiß bis cremefarben, selten mit weißen Hüllresten besetzt. Lamellen am Stiel frei, relativ dicht stehend, untermischt, weiß bis elfenbeinfarben, Schneiden flockig. Stiel bis 14 (18) cm lang, 1–2 cm dick, voll bis pelzig ausgestopft, zerbrechlich; Ring hängend, vergänglich, etwas gerieft, weiß, faserig-fransig; Stielbasis knollig verdickt, in einer schlaffen, meist anliegenden, weißen Scheide, oft tief im Boden steckend. Fleisch weich, weiß; Geruch jung rettichartig, älter süßlich.

Speisewert: Tödlich giftig! Erste Vergiftungssymptome (Übelkeit, Bauchschmerzen, Erbrechen, Durchfälle) treten in der Regel 6–12 Stunden nach dem Verzehr auf. Im weiteren Verlauf kommt es zu schweren Leberschäden. Die Überlebenschancen hängen u. a. von der zugeführten Giftmenge ab, 50 g Frischpilze können tödlich sein. Nach Auftreten der ersten Symptome ist eine sofortige Klinikeinweisung erforderlich.

Vorkommen: Mykorrhizapilz eher montaner Nadelwälder. In M.-EU weit verbreitet. VII–X.

Wissenswertes: Knollenblätterpilze gehören zu den Wulstlingen *Amanita*, einer Gattung mit über 40 Arten. Deren wichtigste Merkmale sind: Hüte mit oder ohne Hüllreste, freie, weiße bis gelbe Lamellen, Stiele mit Ring, Basis knollig oder mit einer häutigen Scheide; Sporenpulver weiß.

Ähnlich: Der gleichfalls weiße **Frühlings-Knollenblätterpilz** *A. verna*, der in der Form eher dem Grünen K. ähnlich sieht, wächst im Frühsommer in warmen Laubwäldern; **giftig!** Verwechslungen mit weißhütigen Champignon-Arten beruhen auf Unkenntnis und sind grob fahrlässig. Champignons besitzen jung blass rosafarbene Lamellen, die sich sehr bald schokoladenbraun verfärben.

Nachgeschaut

Bei den deutschen Namen wurden im Register die Gattungsnamen vorangestellt. Beispiele: Die Hunds-Rose ist unter „Rose, Hunds-" zu finden, der Europäische Igel unter „Igel, Europäischer".

Bildquellen

Fotos: Die Ziffer vor dem Punkt bedeutet die Seite im Buch, die Ziffer nach dem Punkt die Bildposition auf der Seite. Die Zählung läuft wie die Artenfolge der linken Textseiten von links nach rechts und von oben nach unten.

Beispiel der Bildzählung ▷

1	2
3	4
5	6

A. Bärtels 115.3; **Dr. H. Bellmann** 29.3, 41.3, 81.1, 81.4, 83.1, 85.2, 88.1, 89.1, 89.2, 89.3, 89.4, 90.1, 90.2, 90.3, 91.1, 91.2, 91.3, 91.4, 92.1, 93.1, 93.2, 93.3, 93.4, 93.5, 94.1, 94.2, 94.3, 94.4, 95.1, 95.2, 95.3, 96.1, 97.1, 97.2, 97.3, 99.2, 99.4, 101.1, 101.2, 101.3, 101.4, 101.5, 101.6, 103.1, 103.2, 103.3, 103.4, 105.1, 105.2, 105.3, 105.4, 153.4, 157.4, 167.3, 177.3, 179.1, 179.2, 179.3, 179.4, 181.1, 181.2, 181.3, 181.4; **M. Danegger** 29.1, 29.2, 53.2, 77.1; **Dr. G. Ewald** 119.5, 129.2, 155.1, 159.2; **X. Finkenzeller** 32.1, 32.2, 33.1, 33.2, 33.3, 33.4; **H. Grünert** 182.1, 183.1, 183.2, 184.1, 184.2, 185.1, 185.2, 185.3; **F. Hecker** 51.3, 69.4, 70.1, 71.4, 77.4; **K. Janke** 39.1, 39.2, 39.3, 39.4, 39.5, 39.6; **Dr. R. König** 41.4, 117.5, 119.4, 121.3, 123.3, 131.2, 147.1, 154.3, 173.2; **Dr. B. P. Kremer** 136.1, 138.1, 139.2, 139.5, 142.2, 148.1, 154.1, 154.2, 168.1; **A. Limbrunner** 28.1, 29.4, 37.3, 37.5, 44.1, 45.1, 45.2, 45.3, 45.4, 45.5, 45.6, 45.7, 45.8, 46.1, 47.1, 47.2, 47.3, 47.4, 47.5, 49.1, 49.2, 49.3, 49.4, 49.5, 49.6, 51.1, 51.2, 51.4, 51.5, 53.3, 55.1, 55.2, 55.3, 55.4, 57.1, 57.2, 57.3, 57.4, 57.5, 57.6, 59.1, 59.2, 59.3, 59.4, 59.5, 61.1, 61.2, 61.3, 61.4, 61.5, 62.1, 63.1, 63.2, 63.3, 65.1, 65.2, 65.3, 65.4, 65.5, 67.1, 67.2, 67.3, 67.4, 69.1, 69.2, 69.3, 71.1, 71.2, 71.3, 73.1, 73.2, 73.3, 73.4, 73.5, 75.1, 75.2, 75.3, 77.2, 77.3, 79.1, 79.2, 79.3, 79.4, 79.5, 81.2, 81.3, 83.2, 83.3, 83.4, 85.1, 85.3, 85.4, 117.1, 155.4, 175.3; **A. Maywald** 37.1, 37.2; **J.Morhard** 149.2; **B. Münker** 165.5; **M. Pforr** 41.2, 109.1, 109.2, 109.3, 111.1, 111.2, 113.1, 113.2, 113.3, 114.1, 115.2, 117.2, 117.4, 117.6, 119.1, 119.2, 119.3, 121.1, 121.2, 125.1, 125.2, 125.3, 125.4, 127.1, 129.4, 131.1, 131.3, 149.1, 149.3, 149.4, 151.1, 151.3, 153.1, 153.2, 155.2, 159.3, 161.3, 163.3, 165.4, 167.1, 169.1, 169.3, 170.1, 171.4, 172.1, 173.1, 173.3, 175.4, 175.6, 177.1; **M./E. Pforr** 30.1, 30.2, 31.1, 31.2, 41.1, 132.1, 132.2, 133.1, 133.2, 133.3, 133.4, 134.1, 134.2, 135.1, 135.2, 135.3, 135.4, 135.5, 135.6, 137.1, 137.2, 137.3, 138.2, 138.3, 139.1, 139.3, 139.4, 139.6, 139.7, 140.1, 140.2, 141.1, 141.2, 141.3, 141.4, 141.5, 142.1, 143.1, 143.2, 143.3, 143.4, 143.5, 144.1, 144.2, 144.3, 145.1, 145.2, 145.3; **S. Pfützke** 37.6; **H. Reinhard** 53.1, 53.4, 109.5, 115.1, 123.1, 123.2, 131.5, 151.2, 153.3, 157.2, 159.5, 159.6, 161.1, 163.2, 165.3, 167.4, 169.4, 175.1, 177.2, 177.4; **H. Schrempp** 109.4, 111.3, 112.1, 113.4, 116.1, 117.3, 121.4, 129.3, 155.3, 157.1, 158.1, 161.4, 164.1, 164.3, 166.1, 167.2, 172.2, 175.2; **G. Steinbach** 111.4, 122.1, 129.1, 131.4, 146.1, 147.2, 161.2, 164.2, 164.4, 175.5; **F. Wendler** 87.1, 87.2, 87.3, 87.4; **K. Wothe** 67.5; **P. Zeininger** 151.4, 157.3, 159.1, 163.4, 165.2, 171.1, 171.2, 171.3; **P. Zeininger/M. Kühn** 147.3, 147.4, 163.1, 165.1, 169.2; **W. Zepf** 99.1, 99.3, 165.6; **J. L. Zimmermann** 37.4

Die Illustratoren

Hans Held, Reinhild Hofmann, Steffen Walentowitz, Fritz Wendler

Die Autoren

Dr. Heiko Bellmann: An Land und im Süßwasser lebende Wirbellose (Insekten, Spinnentiere, Krebstiere, Weichtiere, Würmer)
Xaver Finkenzeller: Alpenblumen (innerhalb der Wildblumen)
Helmut und Renate Grünert: Pilze
Uwe Hartmann: Süßwasserfische
Katrin und Frank Hecker: Texte und Fotos Natur-Abenteuer, Spannendes entdecken in den Alpen und an der Küste (außer Bestimmungsteile)
Dr. Klaus Janke: Im und am Meer lebende Wirbellose (Krebstiere, Weichtiere)
Dr. Bruno P. Kremer: Bäume, Sträucher, Wildblumen (außer Alpenblumen), Gräser, Farnpflanzen, Moose, Flechten
Anne Puchta: Wasservögel
Dr. Klaus Richarz: Säugetiere, Landvögel, Reptilien, Amphibien

Zeichen und Abkürzungen

A, B	Art ist in Anhang A bzw. B der EG-Verordnung Nr. 338/97 enthalten (Schutzstatus)
D	Deutschland
EU	Europa
FS	Flügelspannweite (bei Fledermäusen)
G	Gewicht in Gramm (g) oder Kilogramm (kg)
KRL	Kopf-Rumpf-Länge (bei Säugetieren)
M.-EU	Mitteleuropa
N, S, O, W	Nord-, Süd-, Ost-, West-
I-XII	römische Ziffern für Monate, z. B. für die Blütezeit
RL!	Art der Roten Liste, Kategorie 0 und 1: „ausgestorben oder verschollen" und „vom Aussterben bedroht"
RL	Art der Roten Liste, Kategorie 2 und 3: „stark gefährdet" und „gefährdet"
(RL)	Art der Roten Liste, Kategorie R und P: „extrem selten" und „potenziell gefährdet"
SH	Schulterhöhe
SL	Schwanzlänge
UL	Unterarmlänge (bei Fledermäusen)
V	Vorwarnliste der Roten Liste
♂	männlich, z. B. Männchen bei Tieren oder männliche Blüte
♀	weiblich, z. B. Weibchen bei Tieren oder weibliche Blüte
§!	In Deutschland geschützt nach Bundesartenschutzverordnung (BVAO)
⇨	siehe (Verweis auf andere Seite)

Bibliografische Information der Deutschen Nationalbibliothek
Die Deutsche Nationalbibliothek verzeichnet diese Publikation in der Deutschen Nationalbibliografie; detaillierte bibliografische Daten sind im Internet über http://dnb.d-nb.de abrufbar.

Wollgrasweg 41, 70599 Stuttgart (Hohenheim)
E-Mail: info@ulmer.de
Internet: www.ulmer.de
Projektleitung: Antje Springorum
Umschlagfotos: Frank Hecker
Umschlaggestaltung: Michaela Mayländer, Stuttgart
Herstellung: Silke Reuter
XML-Workflow und Satz: pagina GmbH, Tübingen
Druck und Bindung: Printer Trento
Printed in Italy

ISBN 978-3-8001-5363-3